高等职业教育酿酒技术专业系列教材
国 家 级 精 品 课 程 配 套 教 材

啤酒过滤技术

刘光成　编

中国轻工业出版社

图书在版编目（CIP）数据

啤酒过滤技术/刘光成编．—北京：中国轻工业出版社，2024.7

高等职业教育酿酒技术专业系列教材

ISBN 978-7-5019-8742-9

Ⅰ.①啤…　Ⅱ.①刘…　Ⅲ.①啤酒－过滤－高等职业教育－教材　Ⅳ.①TS262.5

中国版本图书馆CIP数据核字（2012）第058629号

责任编辑：江　娟　贺　娜

策划编辑：李亦兵　江　娟　　责任终审：唐是雯　　封面设计：锋尚设计

版式设计：宋振全　　　　　　责任校对：吴大朋　　责任监印：张　可

出版发行：中国轻工业出版社（北京鲁谷东街5号，邮编：100040）

印　　刷：三河市万龙印装有限公司

经　　销：各地新华书店

版　　次：2024年7月第1版第3次印刷

开　　本：720×1000　1/16　印张：7

字　　数：110千字

书　　号：ISBN 978-7-5019-8742-9　　定价：20.00元

邮购电话：010-85119873

发行电话：010-85119832　010-85119912

网　　址：http://www.chlip.com.cn

Email：club@chlip.com.cn

241168J2C103ZBW

高等职业教育酿酒技术专业（啤酒类）系列教材
编　委　会

序

随着中国啤酒工业的不断发展，企业在激烈的市场竞争中，一直致力于不断提高产品质量，降低生产成本。为此，企业的生产设备在不断更新，自动化程度在不断提升。因此，企业对技能型人才的需求越来越多，要求也越来越高。这样，企业迫切希望高职院校能够培养大量符合企业需要的技能型人才。

目前，我国职业教育正处在发展时期，人们还在积极探索职业院校的人才培养模式和教学模式，积极寻求与之相配套的教材建设方向。中德合作的湖北轻工职业技术学院中德啤酒学院，积极借鉴德国成功的职业教育经验，努力探索适合中国国情的职业教育模式，积极深化教学改革，在企业员工培训、学生实习、学生就业、课程建设和教材建设等方面，不断加强与企业的合作，积极推进专业课程体系和教材的有机衔接。此次该院组织编写的高等职业教育酿酒技术专业（啤酒类）系列教材（包括《啤酒生产原料》《麦芽制备技术》《麦汁制备技术》《啤酒发酵技术》《啤酒过滤技术》《啤酒包装技术》《啤酒生产理化检测技术》和《啤酒生产微生物检测技术》），是该院在认真总结了二十多年办学成功经验的基础上，收集了大量的国内外教学资料和行业信息，在青岛啤酒股份有限公司等国内大型啤酒集团的大力支持和协作下，校企合作开发的专业教材。

本系列教材图文并茂，将理论和实践有机地融合起来，注重专业与产业对接、教学内容与职业标准对接，教学过程与生产过程对接，突出强调了专业的知识目标，特别是技能目标，为学生的专业学习和教师的授课指明了方向。

本系列教材适合我国高职院校酿酒技术专业学生使用，也适合作为啤酒生产企业员工技术培训教材。本套酿酒技术专业系列教材的出版，对提高我国高职院校相应专业学生的学习效果，提高企业员工的培训质量，提高技能型人才的培养质量都能起到相当大的作用，对中国啤酒工业的发展将发挥积极的作用。

青岛啤酒股份有限公司

樊　伟

二〇一二年五月

前　　言

本书参考《啤酒酿造工国家职业标准》中啤酒过滤工的工作要求编写而成。书中系统地介绍了啤酒过滤的原理、方法和设备、过滤介质的选择与应用、工艺流程的控制和操作等内容，并对当今啤酒稳定化处理的方法以及高浓稀释酿造工艺等进行了详细的描述。

在本书编写过程中坚持以“基于啤酒过滤工作过程”为导向，以“理论实际一体化”为原则，注重实践与应用。本书内容简明实用，通俗易懂，图文并茂，可作为酿酒技术专业教学用书，也可作为高职高专发酵专业及其他相关专业的教学参考用书。

本书的编写工作得到了湖北轻工职业技术学院中德啤酒学院的大力支持与帮助，国家级精品课程《啤酒过滤技术》负责人徐功瑾老师、中德啤酒学院的熊志刚老师、谢恩润老师为本书的编写提供了大量的资料和技术支持。在此，谨向他们表示衷心的感谢。

本书全文由中德啤酒学院刘光成老师编写，由于时间仓促、水平有限，编写中难免有不当及疏漏之处，恳请专家和读者指正，以便在今后再版时加以更正。

湖北轻工职业技术学院中德啤酒学院

刘光成

目　　录

第五章　啤酒的精过滤

第六章　啤酒的稳定性处理及高浓稀释工艺

第一章 啤酒过滤系统

知识目标

1. 理解并掌握啤酒过滤的原理；
2. 理解并掌握啤酒过滤的目的和要求；
3. 理解并掌握影响啤酒可滤性的因素和处理方法；
4. 了解啤酒过滤系统的组成；
5. 掌握啤酒过滤设备的名称。

技能目标

1. 能画出啤酒过滤系统组成图；
2. 能描述啤酒过滤的原理。

第一节 啤酒过滤的基本知识

啤酒发酵结束后，啤酒口味已经成熟，而且经过一段时间低温冷储后的酒液也逐渐澄清，但是这种自然的澄清不能满足消费者和生产者对啤酒外观的要求；同时，由于酒液中仍然存在的蛋白质和酵母细胞的影响，啤酒的生物稳定性和非生物稳定性很难令人满意，无法满足市场销售对啤酒质量的要求。因此，必须让啤酒进入过滤工序进行处理。

一、啤酒过滤的目的和要求

（一）啤酒过滤的目的

过滤是一种机械分离过程，通过过滤可以将啤酒中还存在的酵母细胞和其他浑浊物从啤酒中分离出去，达到澄清透明的程度。总之，啤酒过滤的目的就是使啤酒能够保存，至少应使啤酒在“最低保存期限”内不出现外观变化，以保证啤酒外观的完美性。

（二）啤酒过滤的要求

1．快速、彻底地分离浑浊物，达到啤酒国家标准对浊度方面的要求

啤酒经过低温冷贮后，虽然部分浑浊物由于低温的作用而凝聚下沉，酒液出现澄清，但是这种澄清度达不到酿造工艺上的要求；通过啤酒过滤设备，可以将酒液中仍然存在的浑浊物分离出去，如啤酒酵母、蛋白质、蛋白质－单宁复合物、多酚物质、β－葡聚糖及一些糊状物质，分离后，酒液变得清亮、透明、有光泽；同时，由于去除了对啤酒非生物稳定性不利的蛋白质类物质，啤酒的非生物稳定性得到了很大程度的提高，延长了保质期。

在啤酒理化分析中，主要通过测量啤酒的浊度来反映其清亮程度，也就是啤酒过滤的效果。啤酒国家标准（GB 4927—2008）中规定，优级啤酒的浊度为≤0.9EBC。

2．尽可能地去除酒液中可能存在的细菌，提高啤酒的生物稳定性

酒液中除了含有以上所述的浑浊物外，可能还会存在少量的细菌；这些细菌如果不去除的话，在适宜的条件下就会大量繁殖，对啤酒的质量产生破坏性的影响，使啤酒出现酸败。通过精度更高的过滤系统，可以较为彻底地滤除这些细菌，从而避免了对啤酒质量的影响，提高了啤酒的生物稳定性。

3．过滤过程中，应杜绝或尽量避免氧气与酒液的接触

氧气，化学性质最为活泼的一种气体，在啤酒酿造中，它被视为啤酒老化的“催化剂”。一旦氧气和酒液发生接触，氧化就不可避免；氧化后的啤酒颜色会呈现加深的趋势、口味会变差、老化被提前。过滤后的啤酒，溶解氧的含量越低越好，一般不允许超过20μg/L。

4．消除铁离子、钙离子和铝离子对啤酒的影响，减少由于机械效应而导致的凝胶的出现

如今，啤酒过滤主要采用硅藻土作为粗过滤的过滤介质。铁离子、钙离子和铝离子主要来源于硅藻土，如果它们被过多地带入酒液中，就会导致啤酒的颜色和口感发生很大的变化，啤酒过滤应该尽可能地消除这些离子所带来的影响；在啤酒过滤过程中，如果操作不当就会导致酒液循环时间过长，由于机械效应而出现凝胶；一旦出现凝胶，酒液的黏度会上升，可滤性会下降。

5. 过滤前后，酒液的各项指标不应出现太大的变化

首先，啤酒的原麦汁浓度不应因为啤酒过滤而出现升高或降低（高浓稀释酿造工艺除外），这一点在啤酒过滤过程中应该得到保证；其次，由于过滤介质的吸附效应，啤酒的色度会降低0.5～1.0EBC，啤酒的苦味质量会变得更加柔和，啤酒的整体口感也会变得更加协调；最后，由于过滤过程中，酒液始终处于流动状态，二氧化碳含量会有所降低，下降0.2～0.5g/L，泡沫性能变化不大。

二、啤酒过滤的原理

啤酒过滤是利用过滤介质，将酒液中悬浮的浑浊物分离出去，使啤酒澄清透明的一个机械分离过程。分离的动力基于过滤机进口与出口的压力差。啤酒穿过过滤介质的压力是在不断变化的，并且随着过滤介质通透度的变化而变化。过滤过程中，过滤机进口处的压力总是高于出口处的压力，压力差越大，说明过滤介质的阻力就越大，此阻力会影响过滤进程。一般情况下，啤酒过滤速度与啤酒可滤性和过滤机过滤面积成正比，与压力差、啤酒黏度和过滤介质厚度成反比。

酒液中的浑浊物能够被过滤介质分离出来，主要依赖于以下三种分离效应（图1－1）。

(1) 筛分或表面效应

(2) 深度效应（机械颗粒式截留）

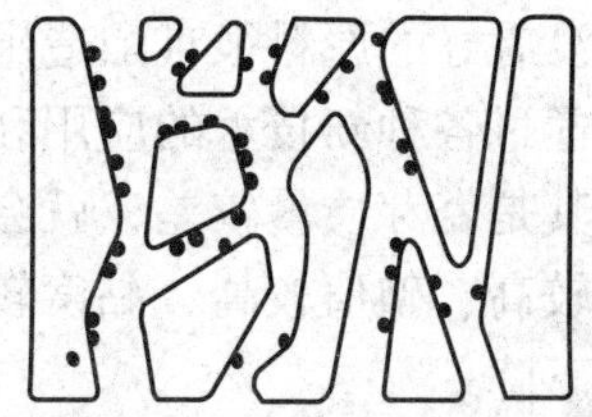
(3) 吸附效应（带颗粒吸附的深度效应）

图1－1 过滤分离效应

1. 筛分或表面效应

啤酒中的颗粒物质不能穿过过滤介质的孔洞而被截留于不断增厚的滤层表面。随着过滤的不断进行，过滤精度越来越高，但是流量却越来越小。滤网过滤和薄膜过滤均利用此种分离效应，除此之外，错流过滤的过滤机理也与此类似。

2. 深度效应

现在越来越多地应用这种分离效应。多孔性的材料由于其巨大的表面积和幽深曲折的路径而将酒液中的颗粒物质截留下来，过滤介质的孔洞会不断地被堵塞，过滤机的过滤效率也会不断下降。

3. 吸附效应

由于过滤介质和酒液中的颗粒物质所带电荷不同，过滤时细小的颗粒物质会被过滤介质所吸附而截留下来。

在以上三种分离效应中，筛分效应和吸附效应往往会同时出现。

三、啤酒的可滤性

尽管啤酒酿造中生产工艺的改进以及新技术的应用层出不穷，并且生产原料的质量也能得到一定的保证，但仍然会存在啤酒的可滤性问题。如果啤酒的可滤性较差，则会导致过滤介质的使用量上升、成本增加以及延长过滤时间。具体表现在以下方面：

（1）较高的水、能源和过滤介质消耗量。

（2）时间及人员费用的增加。

（3）单批酒液的过滤时间较长，设备利用率下降。

（4）后过滤的负担增加。

（5）可能会出现酒液的生物污染，啤酒的质量稳定性下降。

（一）影响啤酒可滤性的因素及改善措施

导致啤酒可滤性较差的原因不仅仅来自于啤酒发酵控制，还来自于其他的各个方面，应该说贯穿于整个啤酒酿造过程。具体影响因素及相应的改善措施如下：

1. 原料质量

没有好的原料很难酿造出优质的啤酒。这一点已经被业界所公认，尽管现在可以通过各种新技术的应用和新产品的使用来弥补原料的质量缺陷。如果原料质量尤其是麦芽质量较差，就会导致生产出的麦汁质量较差，如麦汁中可凝固性氮含量较高、碘值较高、黏度较高等。这些缺陷最终将会导致发酵结束后的酒液可滤性下降。

改善措施：确保原料质量尤其是麦芽质量至少达到一定的标准（表1－1）。

表1－1　麦芽部分质量指标参考值

质量指标	参考值	质量指标	参考值
粗细粉差	<1.8%	黏度（8.6%）	1.53～1.62mPa·s
脆度	>80%	整玻璃质粒	<2%
麦胶物质含量（65℃糖化）	<300mg/100gMTrs	整体溶解情况	溶解均匀、良好

注：（1）MTrs表示麦芽干物质；

（2）实践证明，使用具有以上指标的麦芽进行酿造不会对啤酒的可滤性产生影响；

（3）由于各个企业原料配比不同，所以以上指标仅供参考。

2. 原料粉碎度的控制

原料的粉碎除了要满足工艺上的要求外，还要充分考虑到粉碎度对啤酒可滤性的影响。如果在粉碎过程中，产生了很多的粗粒甚至是整粒，将会影响糖化时的溶解，会形成较多的高分子物质，结果就是麦汁的黏度较高，啤酒的可滤性下降。

改善措施：粉碎时，特别要注意麦皮组分和粗粒组分的含量。在进行粉碎物分级评价时，麦皮含量要控制在17%～19%（仅适用于麦汁过滤槽），粗粒含量应不高于10%。

3. 糖化工艺的选择

糖化工艺的选择在很大程度上取决于原料的质量和啤酒的种类。煮出法糖化工艺虽然可以带来较高的糖化车间收得率，但是会导致醪液的氧含量上升；较高的氧气摄入量，会使蛋白质链之间氧化聚合，分子质量上升，最直观的表现就是麦汁的黏度升高，随之而来的就是啤酒的可滤性下降。

改善措施：在保证糖化效果和糖化车间收得率的前提下，尽量采用浸出法糖化工艺，并且在糖化过程中控制好搅拌、温度、时间等参数。

4. 麦汁过滤的控制

糖化结束后，醪液将被泵入麦汁过滤设备，醪液进入的方式会影响到氧气的摄入量；在麦汁过滤过程中，麦汁的清亮度是控制的重点，如果麦汁中含有较多的颗粒物质，无疑会对麦汁的碘值产生影响。这些都会导致啤酒的可滤性下降。

改善措施：倒醪时，醪液从麦汁过滤设备底部或支撑筛板上2～4cm处进入；确保麦汁过滤过程中的清亮度，最好安装在线浊度测量装置进行实时监测；完善糖化过程中各阶段碘值测量及信息反馈。

5. 麦汁煮沸设备及煮沸效果

麦汁煮沸过程中，设备的设计对煮沸质量的影响很大。如果设备产生的剪切力很大，就会导致麦汁中的蛋白质类物质凝聚效果不理想，甚至还会导致出现更不利的凝胶现象。这些将会导致发酵液浑浊不清，冷储时难以澄清，可滤性便会下降。

改善措施：改进煮沸设备的设计，最好能实现无剪切力；制定合理的酒花添加方案，确保麦汁煮沸时蛋白质的凝固和多酚蛋白复合物的聚合效果。

6. 麦汁处理效果

麦汁煮沸结束后，将对麦汁进行一系列的处理。其中，热凝固物和冷凝固物的分离效果直接会影响啤酒的可滤性。

改善措施：通过在回旋沉淀槽添加卡拉胶或硅藻土来加强热凝固物的分离效果，确保热凝固物含量<20mg/L；对于冷凝固物的分离，除了适时排放锥底外，也可以使用卡拉胶或硅藻土等助凝剂加速冷凝固物的沉降，以保证分离效果。

7. 接种酵母的性能和发酵工艺的控制

接种时，啤酒酵母的性能至关重要。如果啤酒酵母的性能较差，发酵时起发慢、降糖速度慢，最终会导致发酵周期过长，酒液难以澄清，从而影响啤酒的可滤性。在发酵控制中，除了温度控制至关重要外，压力控制和冷却控制也扮演了越来越重要的角色。尤其是冷却控制，如果冷却带的选择不合理，就会导致酒液在规定的时间内难以澄清，啤酒的可滤性也就会下降。

改善措施：接种时，选择活力高、起发速度快的酵母；发酵控制时，根据发酵的不同阶段，严格按照生产工艺要求选择合适的冷却带进行降温。

（二）对未过滤酒液的要求

毫无疑问，未过滤酒液越清亮，啤酒过滤就越容易。也就是说，可滤性较好的酒液始终是啤酒过滤工作者所希望碰到的。那么，未过滤酒液要达到哪些方面的要求，才能说它的可滤性较好呢？

（1）悬浮酵母细胞数 $<2\times10^6$ 个/mL。

（2）黏度 <1.85mPa·s。

（3）β-葡聚糖的含量 <200mg/L。

（4）碘值 <0.25。

（5）浊度 <60EBC 单位（<25°）。

（6）pH 在 4.1~4.4。

（三）酒液预澄清的方法及过程

如果未过滤酒液没有达到以上的要求，也就是说酒液的可滤性较差的时候，就要想办法让酒液在进入过滤之前尽可能地澄清。目前，很多企业针对这种情况采用离心机对酒液进行预澄清。

1. 离心机的工作原理

离心就是利用离心机转鼓高速旋转产生的强大的离心力，加快液体中颗粒的沉降速度，把液体中不同沉降系数和浮力密度的物质分离开。

根据下列公式，可以计算出旋转方向的离心力：

$$F_z = m \cdot a_z = \frac{mv^2}{r} = m\omega^2 r$$

式中 F_z——离心力，N

m——物体质量，kg

a_z——离心加速度，m/s²

v——物体线速度，m/s

r——旋转半径，m

ω——物体角速度，s

从上述公式可以得知：物体旋转速度越快，质量越大，离旋转轴越远，产生的离心力就越大。如果离心机的箱室直径为600mm，旋转速度为6000r/min，那么产生的离心加速度约为118315m/s²，比较离心加速度与重力加速度（9.81m/s）即可发现，离心加速度是重力加速度的10000倍以上。所以，在离心机中产生作用的是一种不可想象的巨大力量。

2. 离心机的类型及特点

离心机可以分为室式离心机和碟式离心机。目前，用于啤酒酿造行业的主要是碟式离心机（图 1－2）。

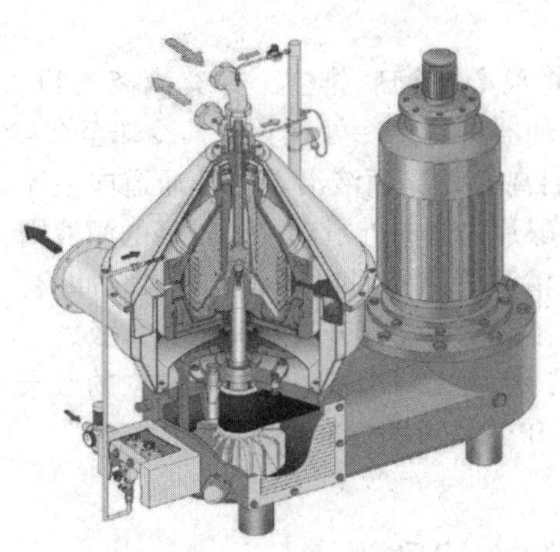

(1)碟式离心机剖视图

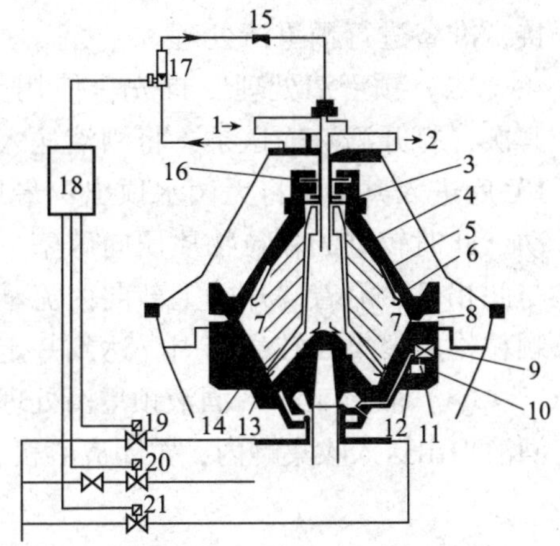

(2)离心机转鼓结构图

图 1－2　碟式离心机

1—进口　2—出口　3—抓手　4—带液体探头的澄清碟片　5—碟片　6—带液体探头的分离碟片　7—固体物室　8—固体物出口　9—环阀　10—排出喷头　11—贮存室　12—喷头　13—柱塞滑板　14—封闭室　15—调节阀　16—控制抓手　17—流量监控器　18—控制器　19—封闭水阀　20—用于预选排空量的控制水阀　21—打开水阀

碟式离心机是一种带有完整转鼓夹套的设备，转鼓直径在 800mm 以内，转速为 2500～10000r/min，转鼓的直径与转速有关。离心力不能无限制扩大，因为离心力越大，对钢材的抗拉强度要求也就越高，所以要限制离心力。转鼓中安装的锥形碟片最多可以达到 200 个，碟片的安装倾角为 50°～60°，倾角的大小取决于碟片表面的粗糙程度和固定部件的滑动摩擦系数。碟片厚 0.4～0.6mm，彼此间距为 0.3～0.4mm，此间距由铆接的间隔条确定，碟片的中间有一个开口，即上升孔洞，它们连在一起就形成了用于分配分离物的上升通道。碟式离心机备有用于排除浑浊物的自卸装置，排放方式分为间歇式和连续式两种。

3. 使用离心机对酒液进行预澄清的过程（图 1－3）

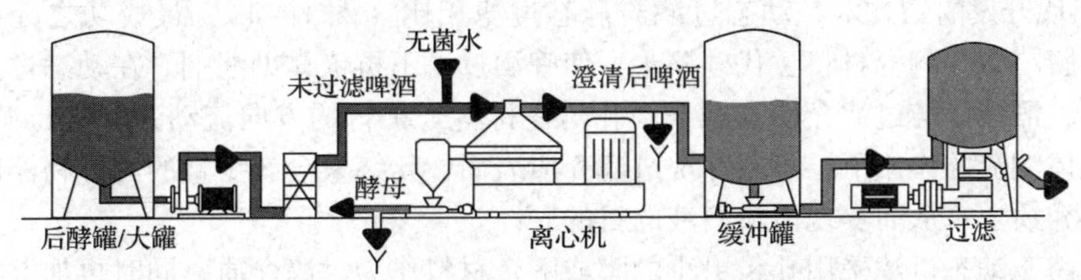

图 1－3　使用离心机对酒液进行预澄清处理流程图

（1）准备工作　根据离心机使用说明以及CIP清洗杀菌标准程序（SOP）对离心机进行清洗和杀菌，使离心机达到工作状态；然后，对预澄清流程所涉及的管道和设备进行严格的清洗和杀菌处理，满足生产要求；最后，将所有设备连接，准备进行预澄清处理。

（2）预澄清处理　首先，使用无菌水将离心机彻底排空，并充满离心机；其次，打开酒液输送泵，将酒液送入薄板冷却器进行急冷处理，将其冷却至0～1℃后进入离心机将无菌水顶出；最后，开启离心机，酒液沿着上升通道向上流动，此时较重的颗粒物质压向碟壁，并沿着碟片内侧向外滑动，而较轻的酒液则与此相反，沿着碟片的上部向内流动，通过清酒管路被甩出离心机进入缓冲罐，颗粒物质聚集在转鼓四周，达到一定量后，排泄阀自动打开进行间歇式排放。

（3）收尾工作　酒液预澄清处理结束后，使用无菌水将离心机转鼓内的残余酒液顶出送入收集罐内，关闭离心机，参照CIP清洗杀菌标准程序进行后清洗。

第二节　啤酒过滤的方法和设备

一、啤酒过滤的方法

按照啤酒过滤时酒液的流动方向不同，可以将啤酒过滤的方法分为两种：静态过滤和动态过滤。

（一）静态过滤

静态过滤属于传统的啤酒过滤方法。在过滤过程中，酒液以与过滤介质垂直的方向流动，由于过滤介质的拦截和吸附作用，酒液中的固形物不断积淀在过滤介质表面，穿过过滤介质的酒液变得清亮透明；随着过滤的不断进行，过滤层越来越厚，过滤压差越来越大，过滤速度也就越来越慢，直至无法过滤。因此，这种过滤方法的有效过滤时间总是有限的。目前，绝大多数啤酒过滤设备都是采用静态过滤方法来对啤酒进行过滤处理。

（二）动态过滤

动态过滤也称错流过滤技术（cross－flow microfiltration，CMF），是20世纪90年代开发的新技术。动态过滤与静态过滤相比（图1－4），最成功之处在于使用膜或微孔陶瓷材料替代硅藻土，使啤酒过滤不再依靠助滤剂。在动态过滤过程中，酒液以与过滤介质（膜或微孔陶瓷材料）平行的方向流动并且进行循环，在流体湍流的作用下，不断冲洗过滤介质表面，始终只会有少量的固形物停留在过滤介质上，从而实现澄清酒液的目的。

由于动态过滤采用孔径更小的膜或陶瓷材料作为过滤介质，同时再加上在流体湍流作用下体现出的“自清洗”功能，从而使啤酒过滤一次性完成，并且过

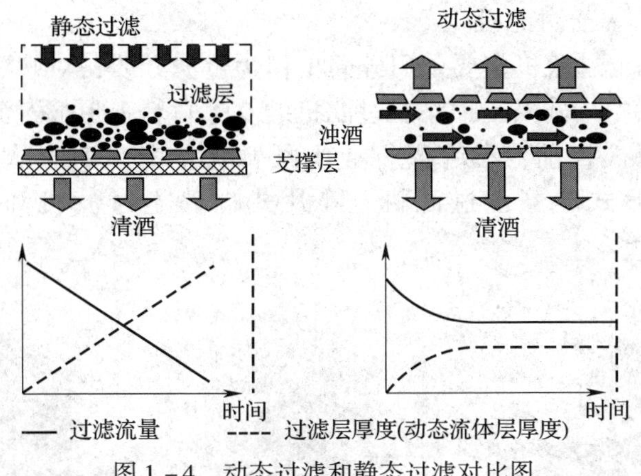

图 1－4　动态过滤和静态过滤对比图

滤的有效时间基本上没有限制。

目前，动态过滤已经在国外的一些啤酒厂中被应用；相信在不久的将来，动态过滤将取代静态过滤被广泛地应用于啤酒行业。

二、啤酒过滤的设备

根据啤酒过滤方法的不同，可以将啤酒过滤设备分为两大类，即静态过滤设备和动态过滤设备。

（一）静态过滤设备

1. 棉饼过滤机

棉饼过滤机（图 1－5）是世界上第一台用于啤酒过滤处理的设备，于 1960 年左右投入生产使用。它主要以由纤维素、棉绒和石棉压缩而成的棉饼作为过滤介质，由于操作繁琐、劳动强度大等缺点，目前已经被啤酒生产企业所淘汰。

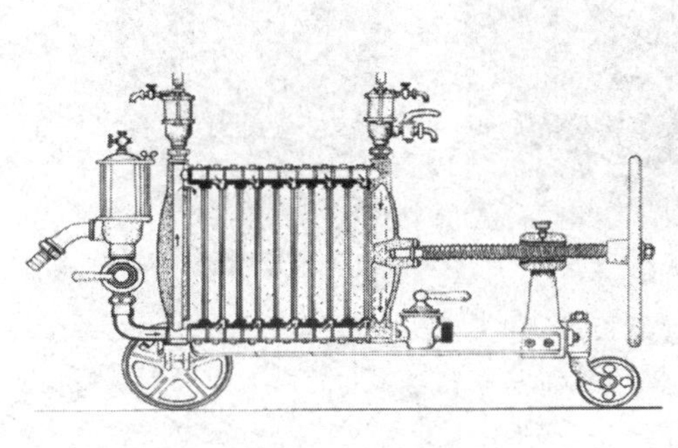

(1) 棉饼过滤机平面图

(2) 棉饼过滤机安装棉饼的场景

图 1－5　棉饼过滤机一览

2．预涂式硅藻土过滤机

预涂式硅藻土过滤机主要采用硅藻土作为过滤介质，对啤酒进行粗过滤处理。使用时，首先将硅藻土预涂在过滤机的支撑材料上形成过滤层，然后再对啤酒进行粗过滤。目前，在啤酒行业中最常见的有三种硅藻土过滤机（图1－6）。即，板框式硅藻土过滤机、叶片式硅藻土过滤机和烛式硅藻土过滤机。

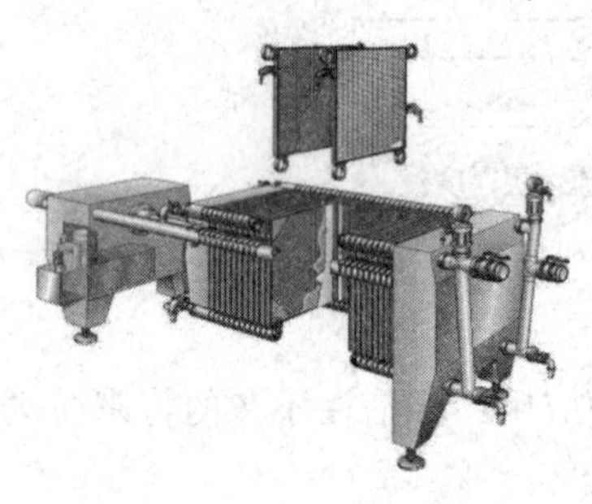

(1) 板框式硅藻土过滤机

(2) 叶片式硅藻土过滤机

(3) 烛式硅藻土过滤机

图1－6　预涂式硅藻土过滤机一览

3．纸板过滤机

纸板过滤机（图1－7）以由纤维素以及其他辅助材料压缩而成的纸板作为过滤介质，主要用于硅藻土过滤后的精过滤处理。使用时，一般将其安装在硅藻土过滤机的后面；根据纸板的孔径及材料组成不同，纸板过滤机又有不同的作用。如，精滤处理、无菌化处理以及稳定化处理等。

(1) 纸板过滤机外观

(2) 纸板

图1－7　纸板过滤机一览

（二）动态过滤设备

1．膜过滤机

膜过滤机（图1－8）是最近使用最为广泛的一种用于啤酒无菌化处理的过滤方式，被作为啤酒过滤的终端设备。它主要以微孔膜作为过滤介质，多用于纯生啤酒的无菌化处理，从而提高啤酒的生物稳定性。膜过滤机除了用于啤酒处理外，还应用于水处理、气体无菌化处理等方面。

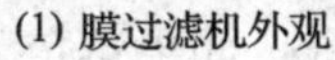

(1) 膜过滤机外观

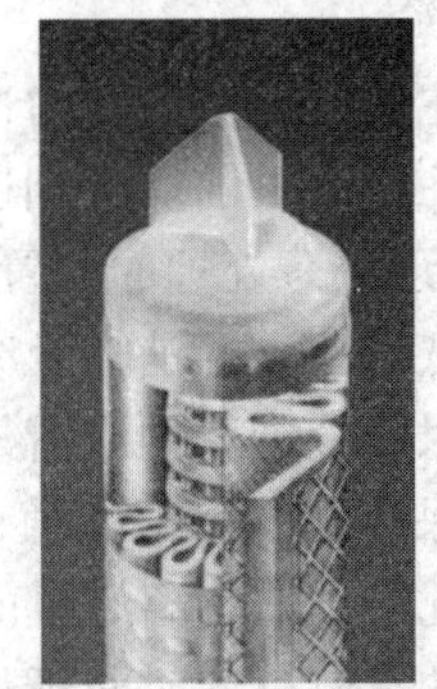

(2) 由微孔膜压缩而成的薄膜滤芯

图 1－8　膜过滤机一览

2. 错流过滤机

错流过滤机（图 1－9）采用膜或微孔陶瓷材料作为过滤介质。由于过滤介质的孔径很小以及动态过滤的特有优势，错流过滤机可以实现啤酒的一次性过滤，即，粗过滤、精过滤和无菌化处理一次完成。

(1) 错流过滤机外观

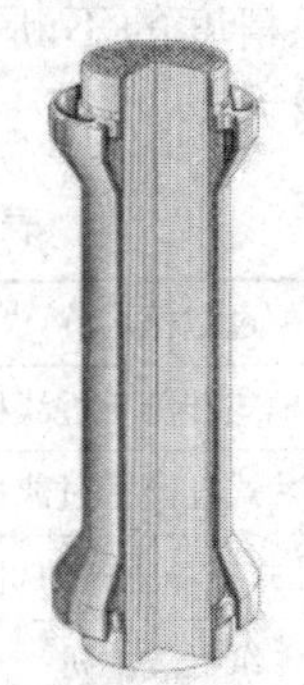

(2) 微孔陶瓷材料

图 1－9　错流过滤机一览

第三节　啤酒过滤系统的组建

一、啤酒过滤系统

（一）定义

啤酒过滤系统是指为了达到啤酒过滤的目的，由啤酒过滤设备和附属设备及装置而组成的一个集合体。

（二）组成

1. 缓冲罐

缓冲罐主要起到避免压力冲击以及保证过滤流出液的绝对均匀性的作用。通常情况下，在过滤机前后分别连接一个立式带喷头以便于清洗的缓冲罐。

2. 用于预澄清处理的前置离心机

为了降低硅藻土的消耗及废土处理的高额费用，大型啤酒厂越来越多地使用前置离心机对酒液进行预澄清处理。离心机能分离掉大部分酵母细胞，使酒液中的酵母负荷保持在一个恒定值，同时也能避免在过滤过程中出现酵母冲击的现象。一般情况下，前置离心机的设置可以使硅藻土的消耗量降低20%~50%，同时使过滤机的有效过滤时间延长一倍。尽管离心机的购置和运行成本较高，但是随着它的不断使用，很多啤酒厂很快就收回了投资。如果避免了二氧化碳损失和氧气摄入，那么离心处理几乎不会对啤酒质量产生影响。

3. 相互串联、过滤精度越来越高的过滤机

这是啤酒过滤系统的核心部分。它主要由硅藻土过滤机、纸板过滤机以及膜过滤机组成，这些设备可以完成啤酒的粗过滤、精过滤以及无菌化的处理。过滤机设置的根本原则始终是按照设备的过滤精度，由“粗到细”排列，随着过滤精度的不断提高，过滤流速（表1－2）会越来越低，所以过滤面积应越来越大。

表1－2　不同类型的过滤机的作用及过滤流速一览表

过滤机名称	作用	过滤流速/［hL/（m^2·h）］
板框式硅藻土过滤机	对啤酒进行粗过滤处理	3~5
叶片式硅藻土过滤机		4~6
烛式硅藻土过滤机		5~7
纸板过滤机	对啤酒进行精过滤处理	1~1.5
无菌纸板过滤机	对啤酒进行无菌化处理	0.8~1.0
PVPP过滤机	对啤酒进行稳定化处理	8~12

4. 对水进行脱氧处理的装置

对水进行脱氧处理的装置主要是对过滤机预涂用水以及高浓稀释用水进行脱氧处理，从而降低啤酒在过滤过程中的吸氧可能性，提高碳酸化处理时的气体饱和度。目前，啤酒厂中使用较多的脱氧装置是真空脱氧罐。

5. 酒头和酒尾储存罐

酒头和酒尾储存罐主要用来存放啤酒过滤过程中收集到的酒头和酒尾。储存罐一般为具有保温功能的立式罐，并带有喷头以便于清洗。

6. 在线测量装置

在线测量装置主要是对过滤过程中的酒液进行各项指标的在线测量，实现实时监测，便于自动化控制的实现。一般情况下，在线测量的指标包括酒液的浊度、浓度、溶解氧含量及二氧化碳含量。

7．各个设备的控制部分

各个设备的控制部分主要包括电路控制部分、气电转换控制部分及可编程控制部分等。

8．清酒罐

过滤后的啤酒进入作为灌装缓冲罐的清酒罐中，并在清酒罐中最多储藏72h。清酒罐是过滤机和灌装机之间的缓冲容器，可以很好地保证灌装质量的稳定性。清酒罐大多为立式的镍铬钢罐，里面配有便于清洗的喷头，外部加装保温层。清酒罐不配备冷却装置，一般安装在室温为0～2℃的清酒间。

二、啤酒过滤系统的组建

使用何种类型的过滤机以及如何连接是很多啤酒生产企业在组建啤酒过滤系统时要面对的一个关键问题。在组建啤酒过滤系统时，主要考虑以下几个方面：

1．未过滤酒液的特点

啤酒发酵结束以后，在过滤以前需要对未过滤酒液进行取样分析，然后根据分析指标得出未过滤酒液的特点，也就是酒液的可滤性如何。如果未过滤酒液的可滤性较差，如，黏度过高、悬浮酵母细胞数过多等，在组建过滤系统时就要考虑增加前置离心机对酒液进行预澄清处理。另一方面，如果未过滤酒液的非生物稳定性较差，那么就要考虑增加稳定化处理设备或使用稳定剂，如使用PVPP过滤机或添加非生物稳定剂（硅胶或一次性PVPP）。

2．过滤设备的排列原则

根据过滤设备的过滤精度，始终按照由粗到细的原则进行设备的排列。即先使用硅藻土过滤机进行粗过滤，然后再使用纸板过滤机进行精滤，最后使用膜过滤机进行无菌化处理。

3．啤酒的品种

生产熟啤酒时，由于啤酒灌装后还要进行巴氏杀菌的处理，所以在组建过滤系统时，就不需要考虑啤酒的无菌化处理；相反，在生产纯生啤酒时，就要考虑对啤酒进行无菌化的处理。如使用膜过滤机或无菌纸板过滤机进行冷无菌过滤。

【例】某啤酒厂拟生产浅色纯生啤酒，现在啤酒的发酵酒龄为10d，无低温储酒阶段，请你根据上述情况设计并组建一套适用于该啤酒厂的过滤系统，并用图示的方法画出需要使用到的设备流程图，简单说明你的设计理由。

【分析】① 生产浅色纯生啤酒：需要对啤酒进行无菌化处理；

② 发酵酒龄为10d，无低温储酒阶段：由于酒液没有进行低温冷储，所以酒液中会含有较多的悬浮物质，冷凝固物析出不够，非生物稳定性较差；针对以上情况，需要对酒液进行预澄清处理以及稳定化处理。

【解答】综上所述，适合该啤酒厂的啤酒过滤系统中至少应该含有以下设备或装置：

未过滤酒液⇨泵⇨薄板冷却器⇨前缓冲罐⇨离心机⇨后缓冲罐⇨硅藻土过滤机⇨PVPP过滤机⇨纸板过滤机⇨膜过滤机⇨清酒罐

第四节　啤酒过滤车间的安全和卫生规范

一、啤酒过滤车间安全规范

（1）严格按照各设备操作规程执行操作，注意用电安全，避免发生安全事故。

（2）生产现场要做好安全标识及警示标志，做到防患于未然。

（3）过滤介质（如，硅藻土）应单独存放在干燥、通风的地方，不要同其他物品混放。

（4）添加硅藻土时应佩戴相应劳保用品，如口罩、手套等，以免出现粉尘危害。

（5）在清洗时，勿用热碱清洗带CO_2的容器。

（6）生产过程中，要注意各设备和容器的最高工作压力，严禁设备或容器在过压下工作。

（7）定期校正压力表和温度探头，并检查过滤机罐体和清酒罐上的真空、安全阀门是否正常。

（8）在硅藻土计量罐运行时，严禁添加生产规定之外的其他物品。

（9）注意车间的CO_2浓度，保证正常通风。

（10）加强巡检，发现问题及时处理。

二、啤酒过滤车间卫生规范（参照GB 8952—1988《啤酒厂卫生规范》中有关规定）

（1）生产现场无泄漏物、垃圾、油污、积水，墙面无积尘、污垢、蜘蛛网，门窗、玻璃、窗台无积尘、杂物。

（2）设备、管道及容器表面无油污、积尘。

（3）各设备和容器要严格按照CIP标准操作程序执行操作，做到“清洗无残留、清洗无死角、杀菌要彻底”。

（4）排水地沟要保持畅通无阻，定期进行清洗和杀菌处理。

（5）生产辅助用具要定点存放，摆放整齐。

（6）硅藻土及助滤剂存放区域，要做好防尘处理，定期进行清理。

（7）过滤产生的废弃硅藻土不能直接排入地沟，要集中存放在指定的容器内，按照相关规定进行处理。

（8）板框式硅藻土过滤机和纸板过滤机在清洗杀菌结束后，要注意纸板的防霉处理。

（9）生产现场墙面和空间要定期进行消毒处理。

（10）生产现场要配备洗手更衣间，操作者要做好个人卫生。

复习思考题

1. 啤酒过滤的目的和要求是什么？
2. 列举过滤的三大效应。
3. 什么是啤酒的可滤性？
4. 哪些因素会影响啤酒的可滤性？
5. 哪些措施可以改进啤酒的可滤性？
6. 可滤性较好的啤酒要具备哪些特点？
7. 如何对未过滤酒液进行预澄清处理？
8. 静态过滤和动态过滤的区别是什么？
9. 列举常用的啤酒过滤设备。
10. 在组建啤酒过滤系统时，要考虑哪些因素？

第二章 啤酒过滤介质

知识目标

1. 掌握啤酒过滤介质的种类；
2. 了解硅藻土的加工流程；
3. 理解并掌握硅藻土的存放要求；
4. 理解并掌握硅藻土的分类及区别；
5. 理解硅藻土的过滤效应；
6. 掌握纸板和膜的类型及用途。

技能目标

1. 能辨别硅藻土的种类；
2. 能根据设备的参数，进行硅藻土使用量的计算。

在对啤酒进行过滤处理时，过滤介质必须被涂在过滤支撑材料上。没有过滤支撑材料，就无法使用过滤介质进行过滤。目前，使用较多的过滤支撑材料有以下两种：

1．金属过滤筛或纺织物

有不同种类的金属筛、裂缝筛或平行安装于烛式硅藻土过滤机上的异型金属丝和金属编织物，由于其清洗和灭菌的效果较好，所以被广泛地应用于啤酒过滤设备中。纺织编织物是近几年才出现的一种材料，但由于它不好灭菌，所以在啤酒过滤中很少采用，主要用于麦汁压滤机中作为过滤介质。

2．过滤板

过滤板主要由纤维、棉花、硅藻土、珍珠岩、玻璃纤维和其他材料组成。过滤板的种类很多，作为支撑材料的过滤板被称为“支撑纸板”。

第一节 硅 藻 土

一、硅藻土的来源

硅藻土是单细胞藻类的化石，主要成分为二氧化硅，在海洋中有15000多种。几百万年前，这些藻类随时间的流逝而沉积于海底，形成了厚厚的硅藻化石。

通过地表的移动，硅藻土矿床能有数百米厚，如美国加利福尼亚的Lompoc，但由于经济方面的原因，许多矿床都未能开发。如今，硅藻土矿床的开采地主要有：美国的Lompoc、墨西哥的Jalisko、法国的Murat、智利的Arica以及中国吉林的长白山和云南的腾冲。使用具有一定装载能力的推车以及大型载重汽车来完成硅藻土的露天开采，将开采出的矿物质按质量分类并输送至天然的料仓中等待加工。

二、硅藻土的加工流程及分类

天然硅藻土中含有有机物、砂石、黏土、可溶性碳酸盐及铁等杂质，这些杂质，尤其是重金属必须在加工时被去除，否则会在啤酒过滤时对酒液质量产生不良的影响。通常的硅藻土加工流程为（图2－1）：

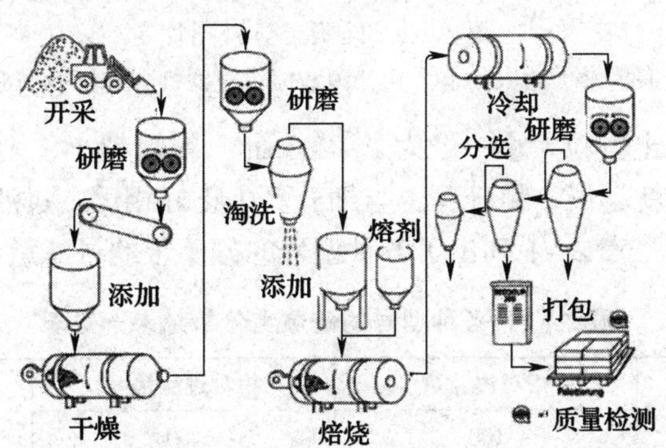

图2－1　硅藻土加工流程图

天然硅藻土⇨研磨⇨干燥（400℃）⇨研磨⇨淘洗⇨添加流体材料⇨煅烧（800～900℃）⇨冷却⇨研磨⇨分选⇨无菌包装

根据硅藻土的加工形式，可以将加工处理后的硅藻土分为以下三种类型：

1．细硅藻土

首先将天然硅藻土（原土）研磨压碎，然后将其置于旋转管炉中，在400℃下进行干燥处理。在这种状态下，硅藻土的天然结构及其孔径得以保留，这样形成的硅藻土为细硅藻土［图2－2（1）］。

2. 中硅藻土

将干燥过的硅藻土加热到800℃，硅藻土颗粒的上表面在此过程中烧结在一起而形成较大的颗粒，内部的孔洞结构和硅藻土的过滤活性则得以保留。和细硅藻土相比，中硅藻土的通透性更好，过滤速度有所提高。

3. 粗硅藻土

天然硅藻土经过研磨压碎后，加入旋转管炉中，然后加入氯化钠或碳酸钠作为流体材料，以此来降低二氧化硅的熔点；打开加热，在800～900℃下进行煅烧处理，通过烧结作用形成更大的混合物。硅藻土中的氧化铁和氧化铝在此过程中转化成难溶解的混合硅酸盐，使得与流体材料一起煅烧的硅藻土看上去几乎呈白色，这就是粗硅藻土［图2－2（2）］。由于粗硅藻土颗粒比前两种都大，通透性最好，所以主要用于对过滤设备进行预涂处理。

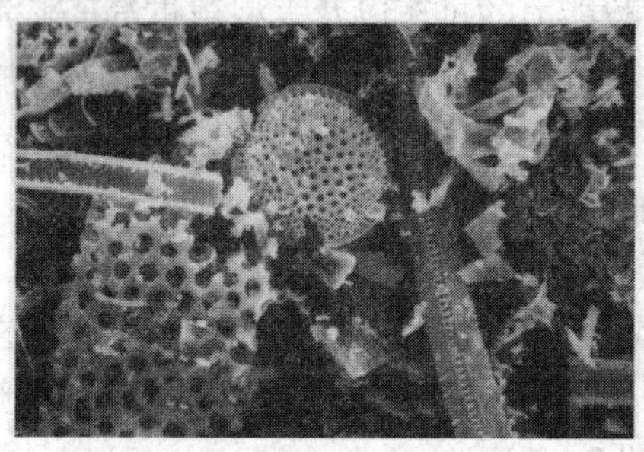

(1) 细硅藻土

(2) 粗硅藻土

图2－2　硅藻土显微图片

（以上图片放大约1000倍，由德国 Schenk 过滤机制造有限公司提供）

加工后的硅藻土颗粒大小一般为1～200μm，颗粒越小，则酒液被过滤得越清亮，但过滤速度也就越慢。粗硅藻土与细硅藻土正好相反。过滤量和过滤精度是一对互为矛盾的因素，表2－1列出了各种型号的硅藻土的过滤量和过滤精度的对比。

表2－1　各种型号的硅藻土分析结果一览表

<table>
<tr><th>硅藻土型号</th><th>相对过滤量</th><th>相对过滤精度</th><th>所属类型</th></tr>
<tr><td>Filter－Cel</td><td>100</td><td>100</td><td rowspan="3">细硅藻土</td></tr>
<tr><td>Celite 577&505</td><td>115</td><td>98</td></tr>
<tr><td>Standard Super－Cel</td><td>213</td><td>85</td></tr>
<tr><td>Celite 512</td><td>326</td><td>76</td><td rowspan="5">中硅藻土</td></tr>
<tr><td>Hyflo Super－Cel</td><td>534</td><td>58</td></tr>
<tr><td>Celite 503</td><td>910</td><td>42</td></tr>
<tr><td>Celite 535</td><td>1269</td><td>35</td></tr>
<tr><td>Celite 545</td><td>1830</td><td>32</td></tr>
<tr><td>Celite 560</td><td>2670</td><td>29</td><td>粗硅藻土</td></tr>
</table>

三、硅藻土的检验及相关标准

(一) 硅藻土的检验

1. 感官检验

(1) 呈粉末状，不应有结块，无杂质；

(2) 颜色均匀，不应有色差，粗硅藻土为白色、细硅藻土为棕红色；

(3) 手感不应有滑腻感、粘连感；

(4) 无异味。

2. 理化分析

(1) 水含量　<0.5%。

(2) 砂土含量　<2%。

(3) 硅酸含量　>90%。

(4) 铁含量　<1.5%。

若硅藻土中铁离子含量过高，在啤酒过滤时就会被带入酒液中，很容易导致成品啤酒中铁离子含量增加；一旦铁离子含量超过0.4mg/L，啤酒就会具有一种金属味，与氧化合还会导致口味过早老化、颜色加深以及出现喷涌等现象。为了降低硅藻土中铁离子对啤酒的不良影响，可以在用无菌水进行预涂时添加乳酸或柠檬酸，将硅藻土中的铁溶解出来。

(5) 渗透率　是指滤液黏度为0.001Pa·S，滤饼上压力为0.1MPa时，单位滤饼面积、单位滤饼厚度、单位时间内所通过的滤液量，单位为达西（Darcy，$1\text{darcy} = 1.019 \times 10^{-12} \text{m}^2$）。其计算公式如下：

$$\text{渗透率} = k \times \frac{V \times H}{A \times P}$$

式中　k——换算系数1.01325

V——过滤量，m^3

H——滤饼厚度，m

A——过滤面积，m^2

P——滤饼上的压力，MPa

从上式可以看出，渗透率高，说明滤饼的通透性好，过滤速度快，从而反映出硅藻土颗粒较大；反之，则反映出硅藻土颗粒较小。因此，可以通过硅藻土的渗透率来确定其颗粒大小，即硅藻土类型，如表2-2所示。

(6) 湿密度　是指在一定压力下硅藻土质量与体积之比，以g/L表示。最适合过滤的硅藻土的湿密度应小于300g/L。如果湿密度较高，则在相同过滤效果和相同过滤能力的情况下，硅藻土的使用量及压差上升速度就会增大。

表 2－2　渗透率和硅藻土类型的关系

渗透率/Darcy	硅藻土类型
0.21～0.35	细硅藻土
1.00～1.50	中细硅藻土
2.01～3.00	中粗硅藻土
4.01～5.00	粗硅藻土

根据硅藻土的湿密度，可以反推出硅藻土的湿体积约为 3.4L/kg。

（二）相关标准

根据硅藻土助滤剂标准（GB 24265—2009）和硅藻土卫生指标（GB 14936—1994）中的相关规定，好的硅藻土在显微镜下观察，应为圆盘状、棒状、枝状、块状等形状复杂、多孔隙和独立的颗粒，这样才能形成高渗透率、稳定的滤饼；除此之外，硅藻土还应有良好的烧结度，也就是要具有一定的刚性，这样形成的滤饼才能耐压、不容易出现裂痕；硅藻土的化学性质要稳定，对被滤液体不能产生任何影响。表 2－3 中列举了硅藻土的质量标准，仅供参考。

表 2－3　硅藻土质量标准

项目	细硅藻土	中硅藻土	粗硅藻土
渗透率/Darcy	0.21～0.35	1.00～3.00	4.01～5.00
湿密度/（g/L）	280～400	280～400	280～350
干密度/（g/L）	140－210	160－250	160～230
铁（溶于啤酒）/（mg/100g）	max. 10	max. 10	max. 10
钙（溶于啤酒）/（mg/100g）	max. 120	max. 120	max. 120
铝（溶于啤酒）/（mg/100g）	max. 40	max. 40	max. 40
水分/%	max. 1.0	max. 0.5	max. 0.5
煅烧损失/%	max. 1.5	max. 0.5	max. 0.5
砷/（mg/L）	max. 0.4	max. 0.4	max. 0.4
汞/（mg/L）	max. 0.01	max. 0.01	max. 0.01
铅/（mg/L）	max. 0.8	max. 0.8	max. 0.8
镉/（mg/L）	max. 0.8	max. 0.8	max. 0.8

四、硅藻土的使用

由于硅藻土具有颗粒细小、疏松多孔、表面积大、吸附能力强等优点，所以被广泛地应用于啤酒粗过滤中作为过滤介质。

（一）使用范围

在啤酒粗过滤处理中，硅藻土主要用于以下两个方面：

1．预涂

预涂是指将硅藻土涂在过滤支撑材料上面形成过滤介质的过程。预涂时，一般采用两次预涂的方法，即：首先使用粗硅藻土形成架桥层，然后再使用粗、细硅藻土混合的形式形成过滤层。预涂后，会在过滤支撑材料形成厚度为2～4mm的过滤层。

2．补料

仅仅依靠预涂所形成的过滤层是很难完成啤酒过滤过程的，为了使过滤过程保持相对稳定和快速，必须在过滤开始后不断地往过滤设备中追加硅藻土，以形成新的过滤层。

（二）使用量

硅藻土不仅是一种非常昂贵的过滤介质，而且还会造成一定的排污费用。因此，必须在保证过滤质量不受影响的前提下，尽量降低其使用量。硅藻土的使用量在80～200g/hL啤酒之间波动，一般为150～180g/hL啤酒。

预涂时，硅藻土的使用量主要取决于过滤支撑材料的表面积，即：过滤面积。一般情况下，按照1000g/m^2计量添加；连续补料时，使用量取决于待过滤酒液的体积和啤酒的可滤性，为60～120g/hL。

【例】某啤酒生产企业拥有一套400hL/h的硅藻土过滤系统，其过滤面积为80m^2、浊酒室容积为1224L。若预涂时按照1000g/m^2、补料时按照100g/hL来计量添加硅藻土，并且所用硅藻土的湿体积为3.4L/kg。请计算：① 硅藻土的最大使用量；② 预涂时硅藻土的使用量；③ 补料时硅藻土的使用量；④ 最大的过滤能力及时间。

【分析】由于已知过滤设备浊酒室的容积和硅藻土的湿体积，所以可以计算出硅藻土的最大使用量；然后再根据其他已知参数和计算公式求出各项值。

【解答】① 硅藻土的最大使用量：

$$1224 \div 3.4 = 360\text{kg}$$

② 预涂时硅藻土的使用量：

$$1000 \times 80 = 80000\text{g} = 80\text{kg}$$

③ 补料时硅藻土的使用量：

$$360 - 80 = 280\text{kg}$$

④ 最大的过滤能力及时间：

$$280 \div 100\ (\text{g/hL}) = 280 \div 0.1\ (\text{kg/hL}) = 2800\text{hL}$$

$$2800 \div 400 = 7\text{h}$$

（三）使用方法及注意事项

目前，啤酒过滤已经离不开硅藻土。使用硅藻土时会产生不利于人体健康的硅凝胶粉末，人体通过呼吸道吸入硅凝胶粉末，其中大部分又从肺中被带出体外，而一小部分细小的粉末会在肺部储存下来。随着时间的推移，这些吸入的粉尘最后会导致在呼吸道和肺部器官范围内形成硬结和变形，最终发展为矽肺和矽肺结核。因此，长期在硅凝胶粉尘下工作的人员应定期找专业医生进行检查。

基于以上原因，在使用硅藻土时应避免形成粉尘，建议采用以下措施或方法：

（1）利用水射泵来吸走硅藻土计量泵旁的粉尘。

（2）利用倒袋机实现硅藻土的无尘添加（图2-3）。

图2-3　配有倒袋机的硅藻土添加设备

（3）用绞龙压缩无尘排走空袋。

（4）操作人员应佩戴配有P2颗粒过滤器的呼吸保护器。

（5）硅藻土应以罐车形式运输，以立仓形式、在通风良好的条件下储存。

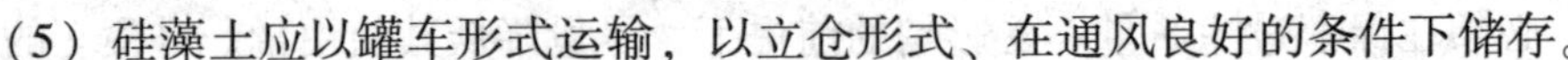

五、硅藻土的助滤剂

为了降低硅藻土的使用成本以及排污费用，改善啤酒粗过滤的效果，在啤酒过滤时可以使用以下物质作为硅藻土的助滤剂：珍珠岩、石棉纤维、α-纤维素、活性炭、硅胶或一次性PVPP。

（一）珍珠岩

珍珠岩是一种由火山喷发形成的物质，主要由硅酸铝组成。原珍珠岩在800℃高温下被加热，其中的水分汽化，导致颗粒急剧膨胀破裂，再将所形成的玻璃状结构磨碎就形成了珍珠岩（图2-4）。

图2-4　珍珠岩

（此图片放大约1000倍，由德国Schenk过滤机制造有限公司提供）

加工处理后的珍珠岩是质量很轻（比硅藻土要轻20%~40%）、颗粒松散的粉末，具有吸附性能强、流动性好、过滤流量大和过滤速度快等优点；但是在预涂分布、滤层稳定性方面却不如硅藻土，并且滤液澄清度相对较差。所以，珍珠岩仅能替代部分的硅藻土作为助滤剂来使用。一般情况下，在第一次预涂时，将其和硅藻土按照1:3的比例混合使用。

（二）石棉纤维

石棉纤维（图2-5）是一种纤维状硅酸盐，用于啤酒过滤处理作为助滤剂的是硅酸镁。石棉纤维越细，过滤效果越好；在预涂中添加3%~5%的石棉纤维，可以增强硅藻土的架桥作用，提高过滤层的机械强度，从而改善啤酒的过滤效果。

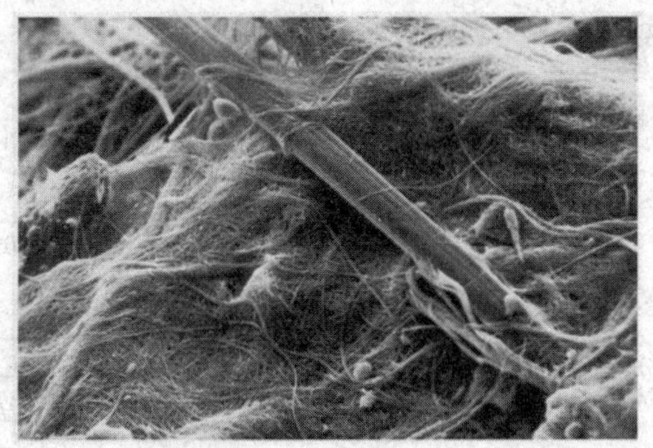

图2-5 石棉纤维

（此图片放大约1000倍，由德国Schenk过滤机制造有限公司提供）

石棉纤维过去是过滤纸板的主要成分。因有研究表明，石棉纤维可能会导致癌症，所以现在禁止在食品行业中使用，转而使用其替代产品α-纤维素。

（三）α-纤维素

α-纤维素（图2-6），也称微晶纤维素，是经过单独提纯、部分解聚了的纤维素。呈白色干燥粉末状，具有一定的吸附能力。预涂时，可以按照100~300g/m^{2}的标准来替代部分的硅藻土，通过α-纤维素的使用，可以使预涂形成

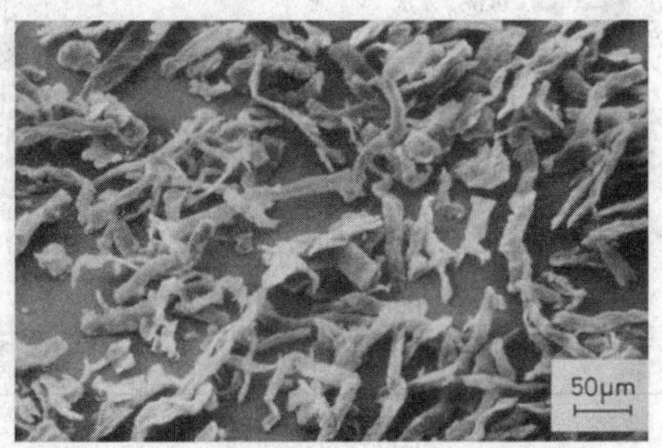

图2-6 α-纤维素

（此图片放大约1000倍，由德国Schenk过滤机制造有限公司提供）

的过滤层更加牢固、更加耐用；过滤补料时，按照3%~5%的比例添加，可以改善过滤效果、提高过滤速度并延长过滤的有效时间。

（四）活性炭

活性炭是以优质木材为原料，首先在缺氧及300~500℃的高温下进行炭化处理［图2-7（1）］，将原料热解形成多裂孔性的炭结构体，在炭化期间，大部分的非炭元素，例如氢气，借助热解作用而发生气化，冲击炭结构体形成

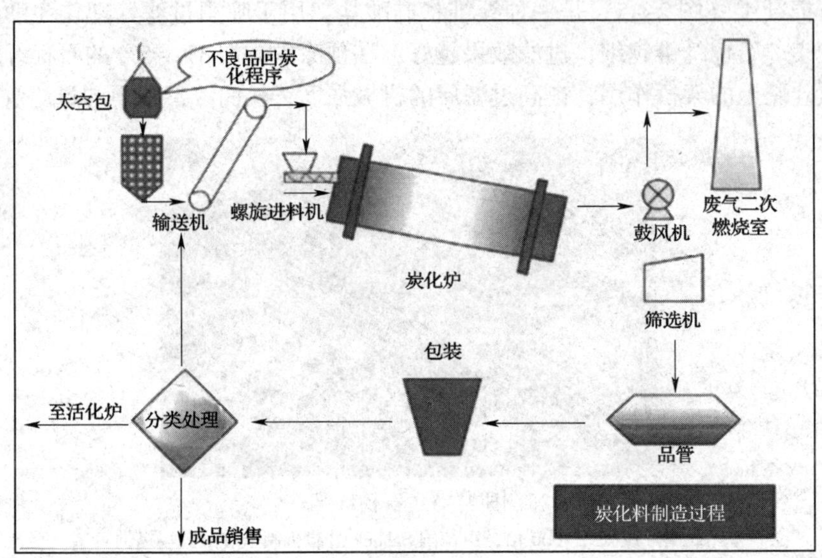

(1) 炭化处理

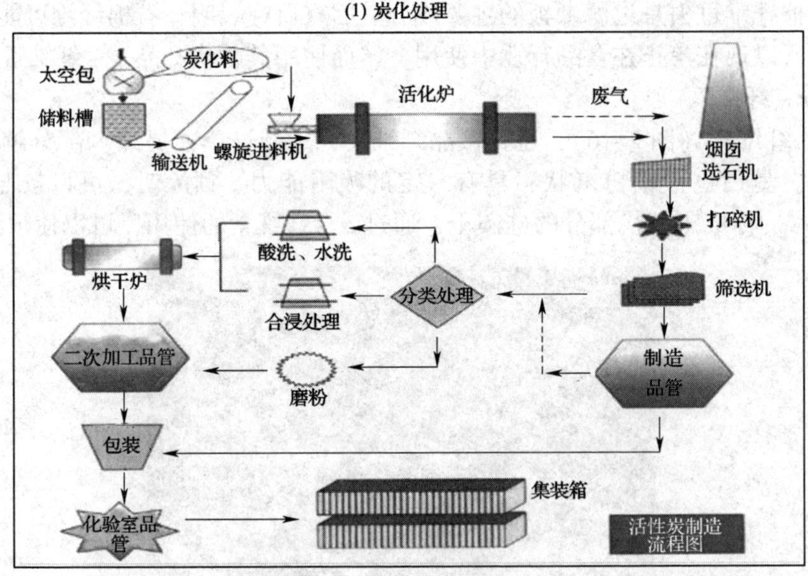

(2) 活化处理

图2-7 活性炭加工流程图

一些不规则的裂隙；然后，利用蒸气或化学物质对炭结构体进行活化处理［图2－7（2）］，来清除炭化过程中积蓄在裂隙结构中的焦油等物质，从而扩大炭化料裂隙及创造微孔以提高孔洞体积或比表面积，产生具有高吸附性能的活性炭。

由于活性炭（图2－8）是一种很细小的炭粒，具有很大的比表面积（500～1400m^2/g），并且在加工处理过程中形成了很多不规则的毛细孔，从而赋予了活性炭超强的吸附性能。主要用于食品、酒类、饮料、自来水净化等领域进行脱色去味的处理。啤酒过滤过程中，可以在连续补料时添加活性炭来改善啤酒的色泽和口味，能减轻啤酒中的酵母味等异味。一般情况下，其使用量为5～30g/hL。

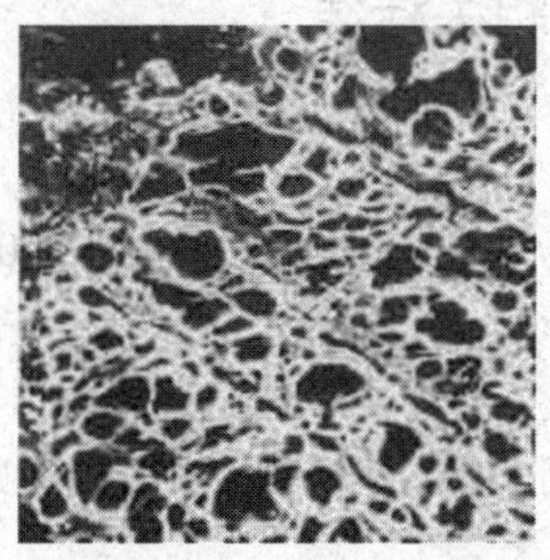
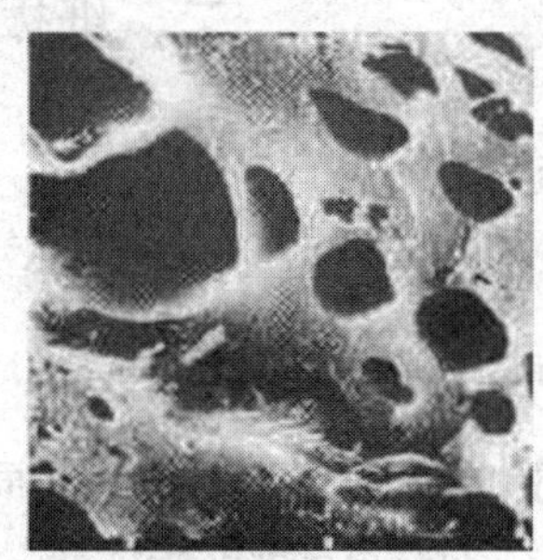

图2－8 活性炭颗粒表面的多孔结构

（五）硅胶或一次性PVPP

硅胶或一次性PVPP均为白色粉末状，具有一定的吸附能力。硅胶可以吸附高分子蛋白质，PVPP可以吸附多酚物质，通过它们的使用可以提高啤酒的非生物稳定性（即，胶体稳定性）。两者的具体使用详见本书第六章“啤酒的稳定化处理及高浓稀释工艺”。

第二节 纸 板

1917年，德国首先发明了“无菌过滤纸板”。一开始，只是用于对水进行过滤处理；而后，逐渐推广应用于葡萄酒和果汁的生产中。直到1930年以后，才开始大规模地使用纸板来过滤啤酒。

一、纸板的用途及分类

纸板主要由精制棉、木浆以及纸用湿强剂，经特殊工艺生产制造而成。除此以外，在纸板的加工过程中，还可以添加硅藻土、珍珠岩以及啤酒稳定剂

(如，PVPP－聚乙烯吡咯烷酮）来赋予纸板一些特殊的功能，以满足啤酒过滤时的特殊要求。总的来讲，纸板在啤酒过滤中的用途主要体现在以下两个方面：

（1）支撑作用　作为支撑材料，主要用于板框式硅藻土过滤机。

（2）过滤作用　作为过滤介质，主要用于硅藻土过滤后精过滤处理。

根据纸板的孔径、组成材料等的不同，可以将纸板分为以下几种类型：

（1）支撑纸板。

（2）精细过滤纸板　澄清过滤纸板、细过滤纸板、部分除菌过滤纸板、除菌过滤纸板。

二、纸板的相关标准

（一）支撑纸板

支撑纸板一般为平板纸板，其尺寸为1000mm×2020mm、800mm×1620mm、600mm×1220mm、400mm×820mm、200mm×420mm，尺寸偏差应不超过 $^{+5}_{-1}$ mm，偏斜度应不大于5mm。支撑纸板的表面应平整，厚薄应均匀，应无孔眼、裂口、沙子、纤维脱落、起层、起皮等纸病。

支撑纸板国家标准GB/T 25437—2010中对其技术指标方面的要求见表2－4。

表2－4　支撑纸板的技术要求

指标名称	规定	
厚度/mm	3.5±0.2	3.8±0.2
最大孔径/μm	40～55	
滤水时间（压力3kPa，流出体积50mL）/s	60～180	
湿耐破度/kPa	≥800	≥1000
交货水分/%	≤7.0	

支撑纸板卫生方面的要求应符合GB 11680—1989中的规定。

（二）精细过滤纸板

精细过滤纸板为平板纸板，其尺寸为600mm×600mm、800mm×800mm、1000mm×1000mm、1220mm×2420mm。精细过滤纸板板面应洁净，不应有残缺、沙子、硬质块、纤维脱落、起层、起皮等纸病；应切边整齐，不应有裂口、缺角、毛边等现象。

精细过滤纸板国家标准GB/T 25435—2010中对其技术指标方面的要求见表2－5。

表 2-5 精细过滤纸板的技术要求

指标名称	规定			
	澄清过滤纸板	细过滤纸板	部分除菌过滤纸板	除菌过滤纸板
厚度/mm	3.2±0.2 3.8±0.2			
滤水时间（压力 3kPa，流出体积 50mL）/min	2~8	>8，≤20	>20，≤40	>40
耐破度/kPa	≥600	≥550	≥500	≥450
湿耐破度（煮沸 2h）/kPa	≥220	≥200	≥180	≥160
交货水分/%	≤7.0			

精细过滤纸板卫生方面的要求应符合 GB 11680—1989 中的规定。

第三节 膜

过去生产无菌生啤酒多采用硅藻土粗滤和纸板精滤相结合的办法，但是这种方法很难达到较长时间的生物安全性，因为上述两种过滤介质无法实现对酵母和一些啤酒微生物的绝对过滤，很难达到无菌状态。

20 世纪 60 年代后，国际上常采用醋酸纤维薄膜将其作为最后一道过滤，以除去残留在酒液中的酵母和细菌；80 年代后期，欧美国家开始使用尼龙 66 制作薄膜滤芯，用于截留精滤后的微粒；随着多种形式和多种功能的薄膜滤芯的问世，再加上在线薄膜完整性检测手段的完善，使啤酒无菌过滤变为现实。

一、膜的用途及形式

膜主要由聚氨酯、聚丙烯、聚酰胺、聚乙烯、聚碳酸酯、醋酸纤维等材料通过浸渍、喷洒或涂层等方法加工而成。膜很薄，厚度一般在 0.10mm 左右，孔径大小从 0.22μm 到 3.0μm 不等，故也将其称为“微孔滤膜”。由于膜的孔径很小，所以主要将其作为啤酒过滤系统中的终端过滤介质，对啤酒进行无菌化处理。为了避免膜在使用过程中由于流体的冲击作用被击破，生产中常采用膜的再加工形式，主要有以下两种（图 2-9）：折叠筒式微孔膜滤芯（薄膜滤芯）、层叠纸板滤芯（深层滤芯）。

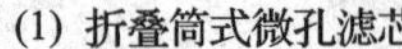

(1) 折叠筒式微孔滤芯

(2)层叠纸板滤芯

图2-9　滤芯

二、膜的产品标记方法

膜的产品标记由制造材质、是否具有支撑体、膜孔径和膜片几何尺寸四部分组成。

(一) 膜的制造材质

（1）混合纤维素膜，用“CN-CA”表示。

（2）尼龙膜，用“PN”表示。

（3）聚偏氟乙烯膜，用“PVDF”表示。

（4）聚醚砜膜，用“PES”表示。

(二) 是否具有支撑体

（1）具有支撑体，称为“增强型”，用“S”表示。

（2）没有支撑体，称为“非增强型”，用“US”表示。

(三) 膜孔径

膜的孔径可以分为0.10μm、0.22μm、0.45μm、0.65μm、1.0μm、3.0μm等。

(四) 膜片几何尺寸

（1）圆形膜，用“ϕ□mm”表示。

（2）方形膜，用“□mm×□mm”表示。

【例】PVDF-S-0.22-ϕ47

【说明】制造材质为聚偏氟乙烯、增强型、膜孔径为0.22μm、几何尺寸为直径47mm的圆形微孔滤膜。

三、膜的相关标准

参照《微孔滤膜行业标准》（HYT 053—2001）中的有关内容，现将膜的相关标准摘抄如下，仅供参考。

（一）外观

膜的外观应平整洁净，干爽，色泽均匀，无机械损伤、孔和洞。

（二）膜的厚度

（1）增强型微孔滤膜厚度为0.10mm ±0.04mm（干态）；

（2）非增强型微孔滤膜厚度为0.12mm ±0.03mm（干态）。

（三）技术指标（见表2－6和表2－7）

表2－6　亲水性微孔滤膜泡点压力及通量值

滤膜类型	增强型微孔滤膜					
标称孔径/μm	0.10	0.22	0.45	0.65	1.0	3.0
通量值/［mL/（cm^2·min）］	≥4	≥12	≥25	≥40	≥55	≥80
泡点压力/MPa	0.48 ±0.05	0.35 ±0.05	0.25 ±0.05	0.18 ±0.03	0.12 ±0.03	0.08 ±0.03

注：（1）通量值是在25℃下，用纯净水（或蒸馏水）测得；

（2）泡点压力是指第一个气泡出现并随之连续出现气泡时的临界压力；

（3）泡点压力是用纯净水（或蒸馏水）测得。

表2－7　疏水性微孔滤膜泡点压力及通量值

滤膜类型	增强型聚偏氟乙烯（PVDF）微孔滤膜			
标称孔径/μm	0.22	0.45	1.0	3.0
通量值/［mL/（cm^2·min）］	≥4	≥12	≥25	≥40
泡点压力/MPa	0.15 ±0.05	0.06 ±0.02	0.03 ±0.01	0.02 ±0.01

注：（1）通量值是在25℃下，用异丙醇（或无水乙醇）对膜进行浸润后，再用纯净水（或蒸馏水）测得；

（2）泡点压力是用异丙醇（或无水乙醇）测得。

第四节　其他的过滤介质

现在具有很细孔径的陶瓷材料也常常被用于微孔过滤，以替代膜。微孔陶瓷材料主要由硅藻土组成，经配料、混料、成型后在600～1300℃的高温下煅烧制成。

微孔陶瓷材料主要用于错流过滤设备，使用形式为陶瓷滤柱；其横切面为六角形，沿其轴向排列19个直径为6mm的孔道（孔道多少和直径大小可根据需要选择），孔道长度为850mm，有多孔陶瓷载体支撑。陶瓷薄膜的微孔直径为0.45～1.3μm，可根据生产需要进行选择。微孔陶瓷材料的具体使用详见本书第五章第四节“错流过滤器”。

复习思考题

1. 列举啤酒过滤介质的种类。
2. 简述硅藻土的加工流程。
3. 如何简单辨别硅藻土的种类？
4. 如何理解硅藻土的渗透率？
5. 如何确定硅藻土的使用量？
6. 使用硅藻土时，有哪些注意事项？
7. 硅藻土过滤过程中，可以使用哪些助滤剂或添加剂？
8. 列举纸板的类型。

第三章 硅藻土过滤机的预涂

知识目标

1. 了解硅藻土过滤机的类型和构造；
2. 理解并掌握硅藻土计量添加泵的工作原理；
3. 理解并掌握硅藻土过滤机预涂的步骤；
4. 理解硅藻土过滤机预涂时的注意事项及控制要点；
5. 掌握硅藻土过滤机预涂质量的评价方法。

技能目标

1. 能根据设备结构图识别出硅藻土过滤机的类型；
2. 能根据生产要求进行硅藻土溶液的配制；
3. 能根据标准操作程序对硅藻土过滤机进行预涂的操作。

第一节 硅藻土过滤机预涂的方法和步骤

硅藻土过滤机过滤时，由于连续添加的过滤助剂颗粒很细小，不能被过滤材料截留，所以必须进行预涂，将过滤介质（多为硅藻土或珍珠岩）涂布于过滤支撑材料上面，预涂完成后才能进行啤酒的过滤。因此，预涂的主要目的就是在硅藻土过滤机的支撑材料上面形成过滤层。

一、预涂的方法

预涂是指通过设备自身液体循环的方法将硅藻土带入设备内部并均匀分布

于支撑材料上形成过滤层的过程。在实际的生产操作中，预涂的方法或形式如下：

（一）用无菌水循环预涂，再用无菌 CO_2 压空

预涂时，采用无菌水将硅藻土带入过滤机形成过滤层，然后使用无菌的 CO_2 气体在一定的压力下将过滤机内部的无菌水压空。在压空时，由于气体的冲击作用，容易造成预涂好的过滤层出现滑落或裂口的现象；并且此方法操作起来比较复杂，很难实现自动化操作。

（二）用无菌脱氧水循环预涂，再用啤酒顶水

预涂时，采用无菌的脱氧水将硅藻土带入过滤机形成过滤层，然后在过滤时使用待过滤的酒液从设备底部进入将无菌的脱氧水顶出。由于采用了脱氧水，所以这种方法可以降低过滤时酒液的吸氧量；但是，在用啤酒顶水的过程中会产生酒头（即，酒液和水的混合物）而造成一定的酒损。

（三）用预过滤的啤酒循环预涂

首先，使用一预涂好的过滤机将部分待过滤的酒液进行过滤处理；然后再使用预过滤后的酒液将硅藻土带入需要预涂的过滤机形成过滤层。这种方法相对比较简单，不需要进行压空或顶水，因此也不会产生酒损；但是，由于啤酒中含有 CO_2 气体，可能会对预涂质量产生一定的影响。

（四）用杀菌后的热水循环预涂，再用啤酒顶水

在使用热水（≥85℃）对过滤机杀菌后，不需要将其压回热水罐，让其直接在过滤机进行循环，将硅藻土带入并形成过滤层；待热水自然降温后，使用待过滤的酒液从设备底部进入将水顶出。这种方法会产生酒头而造成一定的酒损，仅适用于设备利用率要求不高的时候。

二、预涂的步骤

硅藻土过滤需要使用孔隙宽度为 70～100μm 的金属编织品或其他缝隙很细的支撑材料，这些支撑材料的缝隙要比 2～4μm 的硅藻土颗粒大得多。若直接进行啤酒过滤及添加硅藻土，则硅藻土肯定会畅通无阻地穿过支撑材料而流出，所滤出的酒液甚至比过滤之前还要浑浊。为了达到完美的过滤效果，必须分 2 次添加硅藻土以形成良好的过滤层。

（一）第一次预涂，形成架桥层

首先，将脱氧水或预过滤的啤酒与一定数量的粗硅藻土按照 1∶（5～10）的比例进行混合，然后在 0.2～0.3MPa 的压力和预涂流速（为设备标定过滤流速的 1.5～2 倍）下，以循环的方式进行预涂。由于液体高速流动，被带入过滤机内部的粗硅藻土颗粒在通过支撑材料的孔隙时彼此出现拥挤而被截留下来，这样就形成了基础预涂层，也称“架桥层”。此预涂层中的硅藻土颗粒相互支撑，应

能阻止很细的过滤介质流入已滤酒中；这一基础预涂层是下一滤层构成的关键，它本身不起过滤作用［图3－1（1）］。

第一次预涂时硅藻土的使用量为700～800g/m^2，占预涂总土量的70%左右。

（二）中间循环过程

第一次预涂结束后，关闭硅藻土计量添加泵，过滤机继续循环一段时间直至出口处的液体变清亮为止。通过循环，可以使松散的架桥层变得更加结实、牢固，为实现完美的过滤打下良好的基础。

（三）第二次预涂，形成过滤层

中间循环过程结束后，打开硅藻土计量添加泵，开始进行第二次预涂，在"架桥层"的基础上形成"过滤层"，使最先流出的酒液清亮。仍然采用脱氧水或预过滤的酒液和过滤介质一起预涂添加。这一层应使用较细的、有过滤活性的混合硅藻土，这样就能截留浑浊物质，并能防止过滤机堵塞。预涂层在整个过滤面上的均匀分布对于啤酒过滤具有重大意义，若预涂层某处较薄，会导致过滤流动的不均匀性，甚至可能产生浑浊［图3－1（2）］。

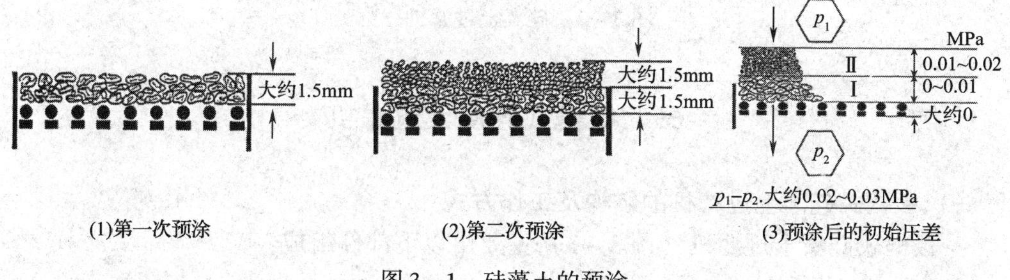

(1)第一次预涂　(2)第二次预涂　(3)预涂后的初始压差

图3－1　硅藻土的预涂

预涂结束后，在过滤支撑材料上就形成了厚度为2.0～4.0mm的预涂层，由于预涂层的阻力作用，所以过滤机进口和出口就会在预涂结束后形成初始压差，为0.02～0.03MPa［图3－1（3）］；总预涂用土量为1000g/m^{2}左右，预涂过程需要15～20min（取决于设备）。

第二节　硅藻土过滤机的操作过程

在现代啤酒企业中，硅藻土过滤机作为粗过滤设备已经成了啤酒过滤系统中不可或缺的组成部分。硅藻土过滤机的种类很多，其中主要以板框式、烛式和水平叶片式三种最为常见（图3－2）。

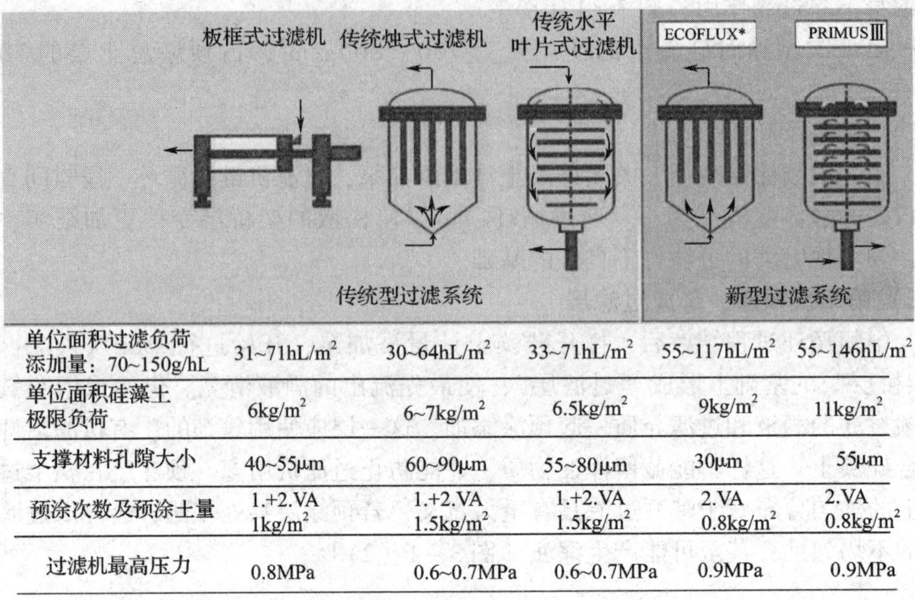

	板框式过滤机	传统烛式过滤机	传统水平叶片式过滤机	ECOFLUX*	PRIMUSⅢ
单位面积过滤负荷 添加量：70~150g/hL	31~71hL/m²	30~64hL/m²	33~71hL/m²	55~117hL/m²	55~146hL/m²
单位面积硅藻土 极限负荷	6kg/m²	6~7kg/m²	6.5kg/m²	9kg/m²	11kg/m²
支撑材料孔隙大小	40~55μm	60~90μm	55~80μm	30μm	55μm
预涂次数及预涂土量	1.+2.VA 1kg/m²	1.+2.VA 1.5kg/m²	1.+2.VA 1.5kg/m²	2.VA 0.8kg/m²	2.VA 0.8kg/m²
过滤机最高压力	0.8MPa	0.6~0.7MPa	0.6~0.7MPa	0.9MPa	0.9MPa

图 3－2　硅藻土过滤机一览

一、板框式硅藻土过滤机

（一）板框式硅藻土过滤机的结构及工作方式

板框式硅藻土过滤机（图 3－3）主要由以下部件组成：

图 3－3　板框式硅藻土过滤机

1. 机座

过滤机的机座（图 3－4）由横杠、固定顶板和活动顶板组成。横杠主要用来悬挂滤板和滤框；固定顶板位于设备的一端，固定不动，其上面安装有阀门、压力表、视镜等部件；活动顶板则可以前后移动用于压紧滤板和滤框，以形成一个密封的空间。

图3-4 板框式硅藻土过滤机机座

2. 滤板和滤框

滤板和滤框（图3-5）是板框式硅藻土过滤机的核心部件，它们和支撑纸板组合在一起就构成了过滤机的过滤单元。滤板和滤框均由不锈钢材质制作，滤板表面有横或竖的沟槽，主要用来收集过滤后的清酒，也称“收集板”；滤框主要用来容纳硅藻土和浑浊的酒液，也称“浊酒框”。滤板和滤框按照“滤板-支撑纸板-滤框-支撑纸板-滤板”的顺序从固定顶板端悬挂在机座两侧的横杠上，滤板和滤框之间通过密封元件彼此密封。

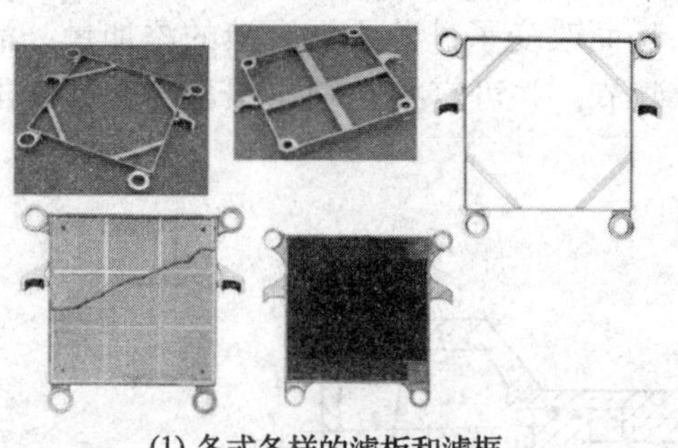

(1) 各式各样的滤板和滤框

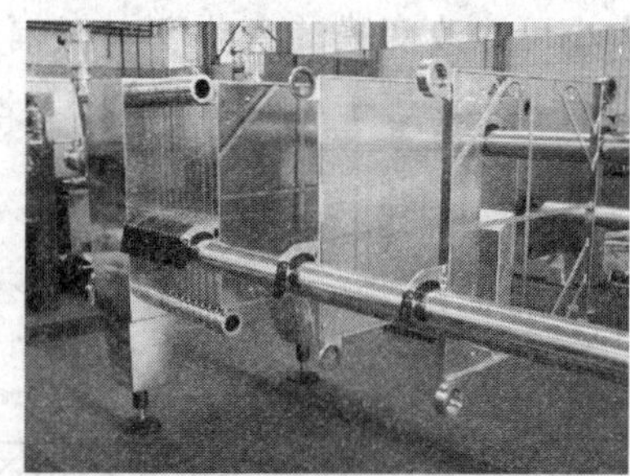

(2) 滤板和滤框的安装

图3-5 滤板和滤框

3. 支撑纸板

支撑纸板由纤维和聚合树脂制成。整体强化技术的应用使纸板的强度大大加强，这样纸板就可以清洗并能长时间使用。

4. 硅藻土混合添加装置

硅藻土混合添加装置（图3-6）由混合罐和计量添加泵组成，它是每个预涂式硅藻土过滤机的一个组成部分。不管是板框式过滤机、烛式过滤机，还是叶片式过滤机都有此装置。

(1) 外观

(2) 硅藻土混合罐

(3) 硅藻土计量添加泵

图 3－6　硅藻土混合添加装置

硅藻土混合罐呈圆柱形，罐中设有由电动机驱动的搅拌器，用于混合液的混合；除此之外，还有一根 CO_2 管用于排空以及在混合液的表面形成气体保护。计量添加泵为活塞膜泵，其工作原理为（图 3－7）：活塞膜泵的关键部件是橡胶膜，此膜通过活塞而振动。由于活塞和橡胶膜之间被硅油充满，所以活塞的每次运动都会使膜随之活动。活塞向左运动迫使膜也向左运动，产生的吸力将上方的止回球往下拉、下方的止回球往上吸，从而使上方通道锁闭、下方通道打开，硅藻土混合液被吸入腔室；然后，在偏心轮的作用下活塞向右运动，迫使膜也向右运动，产生的压力将上方的止回球往上顶、下方的止回球往下压，从而使上方通道打开、下方通道锁闭，硅藻土混合液被压出腔室进入循环管路。利用活塞行程的大小可以改变膜的弯曲度（振幅），从而改变了硅藻土混合液的添加量。活塞行程的大小通过手动螺母（图 3－8）调节，并可直接在轴与螺母相交处读出计量添加值。

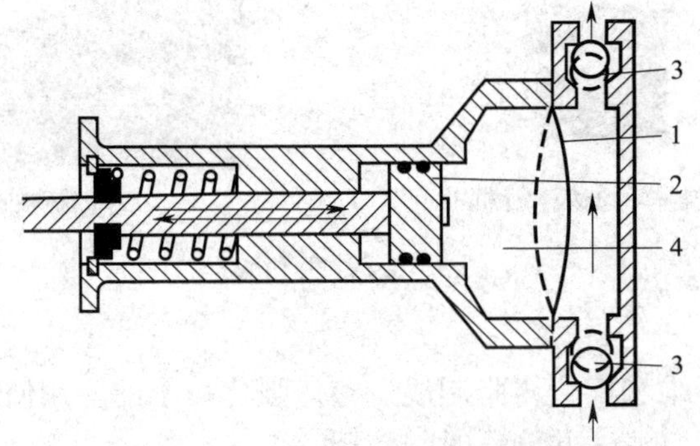

图 3－7　过滤机的计量添加泵（活塞膜泵）

1—橡胶膜　2—活塞　3—止回球　4—硅油

板框式硅藻土过滤机由交替安装的滤板和滤框组成（图3－9）。由于可在滤板的两面都悬挂支撑纸板，所以在过滤机安装压紧后，便使两个支撑纸板和其间的滤框之间形成了一定的空间。此“空间”用以填充硅藻土、滤除的酵母和其他的杂质。在预涂和过滤过程中，硅藻土通过计量添加装置从过滤机一侧的上方和下方泵入滤框中，随着过滤的不断进行，支撑纸板上面的硅藻土涂层便会越来越厚。

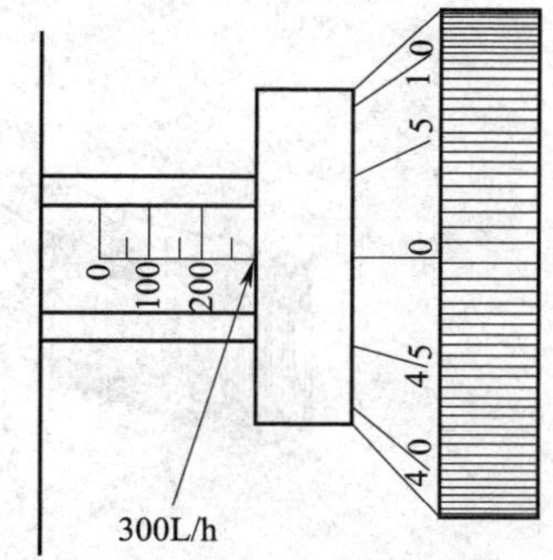

图3－8　利用活塞行程的变化来调节计量添加过程

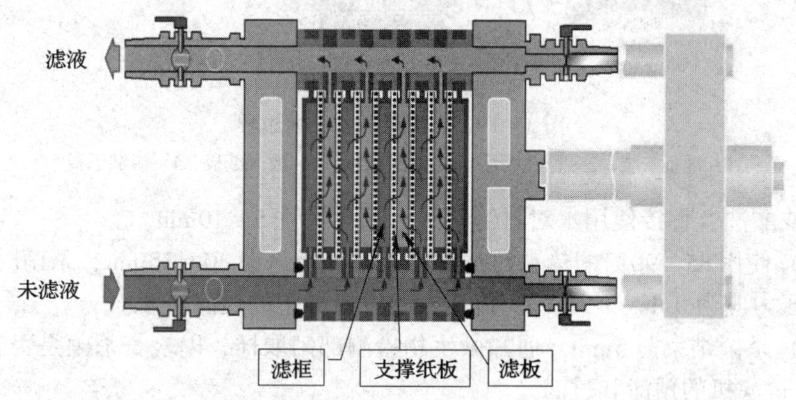

图3－9　板框式硅藻土过滤机的工作方式

（二）板框式硅藻土过滤机的操作过程

1．安装支撑纸板

（1）选取支撑纸板（图3－10），注意检查纸板的完整性，观察有无破损或残缺。

（2）将纸板对折，使其粗糙的一面对着滤框，然后将其套在滤板上面。

（3）用自来水将支撑纸板打湿，让其吸水膨胀具备一定的韧性，同时检查安装的平整性。

（4）打开液压张紧装置，将滤板、支撑纸板和滤框压紧。

图3－10　支撑纸板

（5）压紧后，过滤机进水带压（约0.3MPa）试漏，检查其密封性能；若没有问题，安装过程结束（图3－11）。

2．过滤机的清洗和杀菌

（1）由于支撑纸板的孔隙过小，并且具有一定的吸附性能，所以不建议采

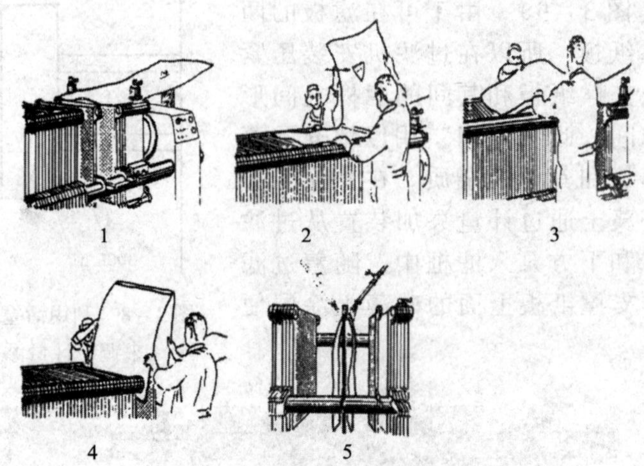

图 3－11　支撑纸板的安装过程

1—准备安装　2—检查纸板　3—对折纸板　4—放入纸板　5—湿润纸板

用碱洗或酸洗，直接使用水对过滤机进行循环清洗 5～10min。

（2）使用85～90℃的热水对过滤机进行循环杀菌30～35min，杀菌时过滤机内部的压力应为0.1～0.2MPa，流速大于设备标定的过滤流速。

（3）杀菌结束前5min，通知微生物检测部门取样，以检查杀菌是否有效。

3. 过滤机的预涂和过滤

（1）泵入85～90℃的热水或无菌脱氧水，打开过滤机的排气阀排除空气，彻底排空是保证预涂效果良好的前提条件。

（2）过滤机彻底排空后，将流速调至预涂流速（为设备标定过滤流速的1.3～1.5倍），进口压力调至0.3MPa。

（3）根据过滤机的给定参数，计算过滤面积。

【例】某啤酒企业配备的板框式硅藻土过滤机具有15个滤框，每个滤框的几何尺寸为800mm×800mm，请计算该过滤设备的过滤面积？

【分析】根据滤板和滤框的安装原则，得出每个滤框对应两个滤板，每个滤框的几何尺寸已知，故可以根据面积的计算公式得出答案。

【解答】① 每个滤框的面积：

$$800 \times 800 = 640000\text{mm}^2 = 0.64\text{m}^2$$

②过滤面积为：

$$0.64 \times (15 \times 2) = 19.2\text{m}^2$$

（4）按照700g/m^2 的预涂添加标准计算并称取粗硅藻土，然后按照1∶5～10的混合比例用无菌脱氧水配制硅藻土混合液。

（5）打开硅藻土计量添加泵开始第一次预涂，这时通过过滤机入口处的视镜可以观察到硅藻土以“脉冲”的形式随着循环液体进入过滤机。

(6) 当硅藻土混合罐发出“空罐信号”后，关闭计量添加泵，第一次预涂结束，过滤机进入中间循环过程。

(7) 按照300g/m^2 的预涂添加标准计算并称取50% 的粗硅藻土和50% 的细硅藻土，然后按照1∶5～10 的混合比例用无菌脱氧水配制硅藻土混合液。

(8) 打开硅藻土计量添加泵开始第二次预涂，当硅藻土混合罐再次发出“空罐信号”后，关闭计量添加泵，过滤机继续循环5～10min。

(9) 关闭过滤机阀门，使过滤机内部形成0.3MPa 的压力，以避免预涂层垮落；然后关闭预涂泵，预涂过程结束。

(10) 预涂结束后开始过滤，过滤过程中连续追加硅藻土，目的是不断地更新滤层，形成新的过滤通道，始终保持滤层的通透性。将硅藻土与待过滤的酒液在混合罐中混合，然后用计量添加泵打入过滤机（具体操作过程详见第四章“啤酒的粗过滤”）。

4. 排土和清洗

(1) 过滤结束后，使用无菌脱氧水将过滤机内部残留的酒液顶出，这部分酒液作为“酒尾”回收，然后松开过滤机排土。

(2) 排土后，重新压紧过滤机，使用水对过滤机进行正反向冲洗，直至没有泡沫。

(三) 板框式硅藻土过滤机的技术参数及优缺点

1. 技术参数

(1) 过滤流速 3～3.5hL/（m^2·h）。

(2) 工作压力 0.2～0.3MPa。

(3) 极限压差 0.2～0.4MPa。

2. 优缺点

(1) 操作稳定，结构简单，活动部件少，维护费用低。

(2) 灵活性强，过滤能力可以通过增加过滤单元而提高。

(3) 由于过滤单元呈垂直安装，所以预涂层稳定性相对较差。

(4) 过滤以后排土时，需要将过滤机拆开进行人工清理，劳动强度大并且很难实现自动化。

(5) 支撑纸板需要定期更换且消耗量大，生产成本相对较高。

二、烛式硅藻土过滤机

(一) 烛式硅藻土过滤机的结构

烛式硅藻土过滤机（图3－12）为上柱下锥形的立式压力罐，主要由以下部件组成：

图 3－12　烛式硅藻土过滤机

1．分隔板

分隔板安装于过滤机的上部，将过滤机分为上下两个区域，上部区域为清酒区，下部区域为浊酒区；分隔板表面有很多开孔，主要用来悬挂烛棒。

2．烛棒

（1）烛棒的特点　烛棒（图 3－13）是烛式硅藻土过滤机的核心部件，是预涂和过滤时的支撑材料。它主要由不锈钢材质制作，每根烛棒由一根中心圆柱和套在其表面上的许多圆环或金属丝组成，圆环或金属丝之间的间距为 50～80μm；烛棒直径在 25～35mm，长度在 1.5～2m，由于在过滤机里安装了近 700 根烛棒，所以形成的过滤面积非常大，过滤效率非常高。烛棒的过滤面积可以按照下列公式计算：

$$S = \pi DL$$

式中　S——烛棒的表面积，m^2

π——常数，圆周率

D——烛棒直径，m

L——烛棒长度，m

预涂和过滤时，硅藻土在烛棒表面沉积，形成滤层，浑浊的酒液穿过滤层进入中心圆柱，然后在清酒区一起流出过滤机；随着过滤的不断进行，烛棒表面的硅藻土滤层不断增厚，过滤面积则成倍增加［图 3－13（3）］。

（1）安装好的烛棒

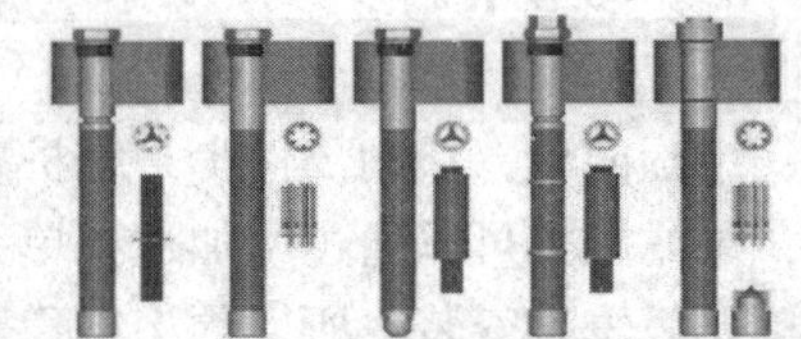

（2）不同类型的烛棒

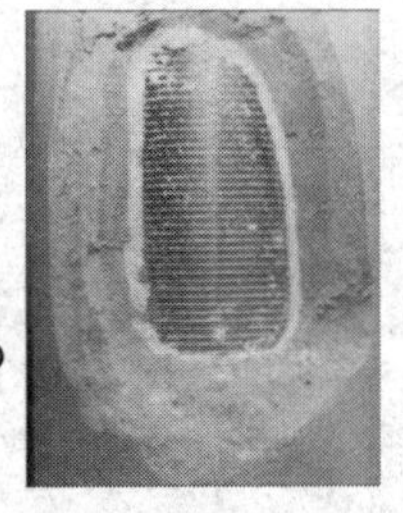
（3）涂满硅藻土的烛棒

图 3－13　烛棒

（2）烛棒的安装　普通的烛棒在安装时，从过滤机的底部放入，穿过分隔板，然后使用螺母将其固定（图 3－14）。这种装配过程需要多人协作完成，安装时间长，并且稍有不慎可能会碰坏烛棒的表面；由于采用丝扣连接，使用久了可能会出现丝扣锈死的现象。经过技术优化和加工改良后的新型烛棒弥补了以上缺点，它采用旋转卡口式连接，并且使用双 O 型圈密封，安装时从过滤机上部插入分隔板，仅需 1 人就可以完成整个过程（图 3－15）。

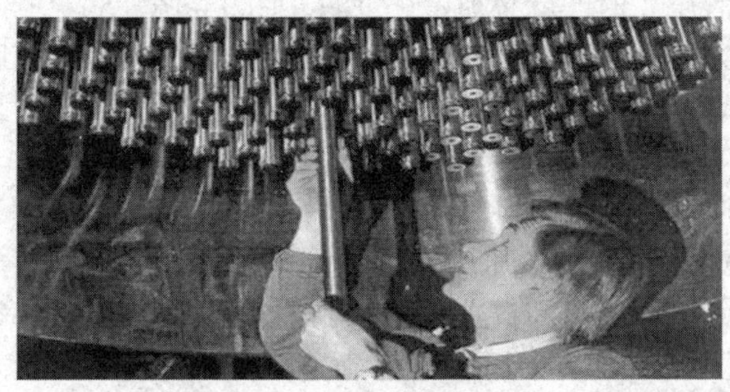

图 3－14　普通烛棒的安装

图 3－15　新型烛棒的安装

除了以上主要部件外，烛式硅藻土过滤机还配置有一系列的管道、连接件和检测仪表。过滤机的所有附属设备都应确保过滤时和过滤以后的酒液吸氧少。

（二）烛式硅藻土过滤机的操作过程

1．过滤机的清洗和杀菌

（1）使用水进行循环清洗 5～10min。

（2）根据过滤机间隔使用时间的长短，决定是否采用化学清洗，比如，碱洗和酸洗。

（3）使用 85～90℃的热水对过滤机进行循环杀菌 30～35min，杀菌结束前 5min 通知微生物检测部门取样，以检查杀菌是否有效。

2．过滤机的预涂和过滤

（1）泵入无菌脱氧水，打开排气阀进行彻底排空；开启循环泵，让无菌脱氧水处于循环状态，调整压力至 0.3～0.4MPa，预涂流速至设备标定过滤流速的 1.5～2 倍［图 3－16（1）］。

（2）根据过滤面积和预涂工艺计算硅藻土的添加量，并配制硅藻土混合液。

（3）打开硅藻土计量添加泵开始第一次预涂，预涂时间约 10min；紧接着以同样的方式进行第二次预涂［图 3－16（2）］。

（4）每次预涂后整个过滤设备都要进行循环，以保证预涂层的牢固性［图 3－16（3）］。

（5）预涂结束后，待过滤的酒液缓慢地从底部进入过滤机，从下向上将过滤机内部的无菌脱氧水顶出，并穿过烛棒而被过滤。然后，通过计量添加泵向啤酒中计量添加硅藻土，虽然水和啤酒的接触面很小，但不可避免地会有一部分酒水混合液，这就是所谓的“酒头”［见图 3－16（4）］。

（6）当酒液的浊度达到要求后，将过滤机的流速降至设备标定的过滤流速开始过滤。由于不断追加硅藻土，所以烛棒上的硅藻土滤层越来越厚，过滤精度越来越高，然而过滤机进口处的压力也越来越高。当达到设备所允许的最高压力0.6～0.8MPa（表压）时，就必须停止过滤［图3－16（5）］。

（7）过滤结束后，过滤机内部的酒液被从下部进入的无菌脱氧水顶出，此时要密切注意啤酒和水的混合液——“酒尾”的产生，并及时回收［图3－16（6）］。

3．过滤机的排土和清洗与杀菌

（1）缓慢地将过滤机内的压力卸掉，打开排污阀，废硅藻土呈浓泥状或稀液状排出，然后用压缩空气将硅藻土泥从烛棒上压出［图3－16（7）］。

（2）以与过滤相反的方向用水进行清洗，此时空气以间歇方式和水混合通入，在烛棒上面形成旋涡，产生空气冲击，从而使烛棒重新变得洁净［图3－16（8）］。

（3）最后，使用85～90℃的热水对过滤机及所有连接件、管道进行杀菌处理。这样，过滤机又可以重新用于下次使用［图3－16（9）］。

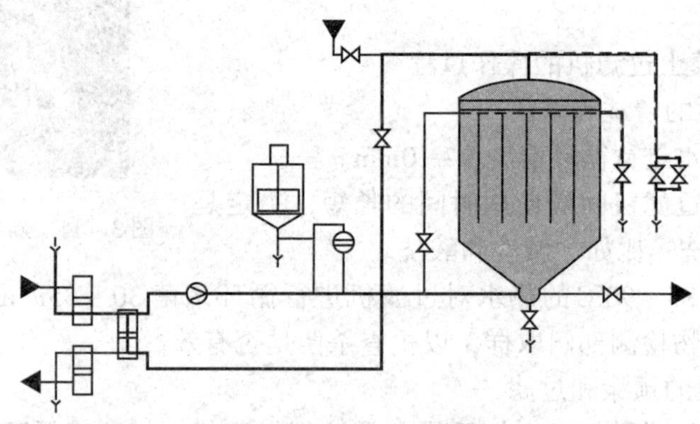

(1) 过滤机的排空

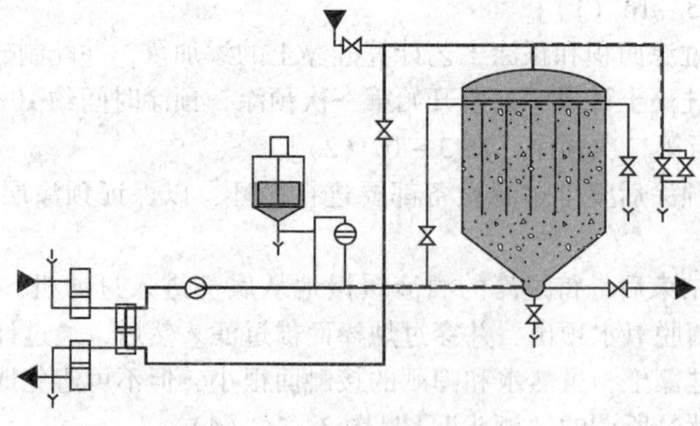

(2) 过滤机的预涂

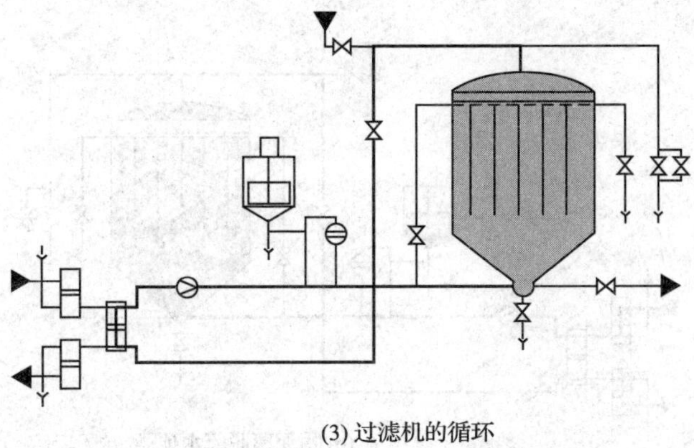

(3) 过滤机的循环

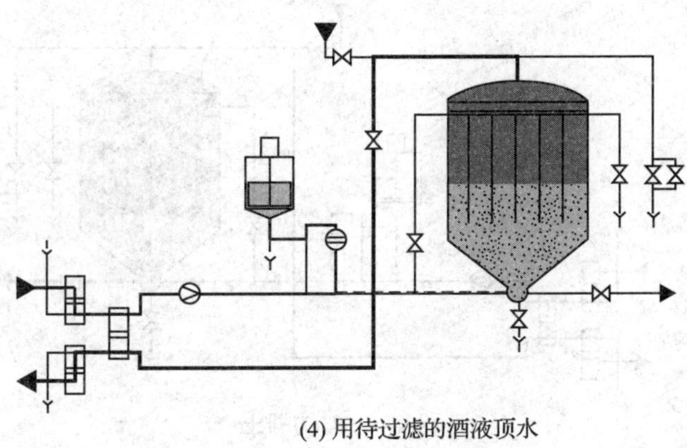

(4) 用待过滤的酒液顶水

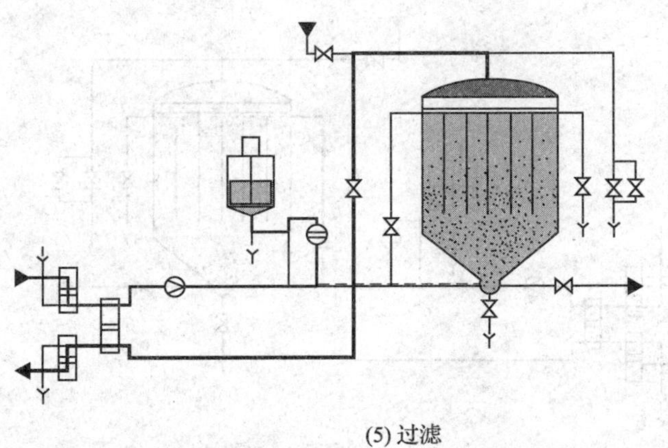

(5) 过滤

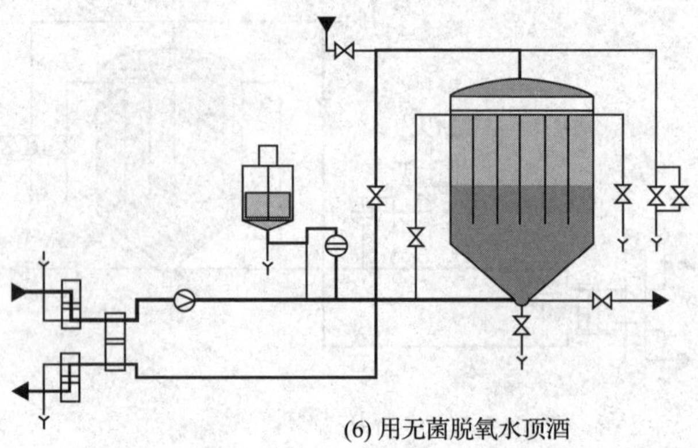

(6) 用无菌脱氧水顶酒

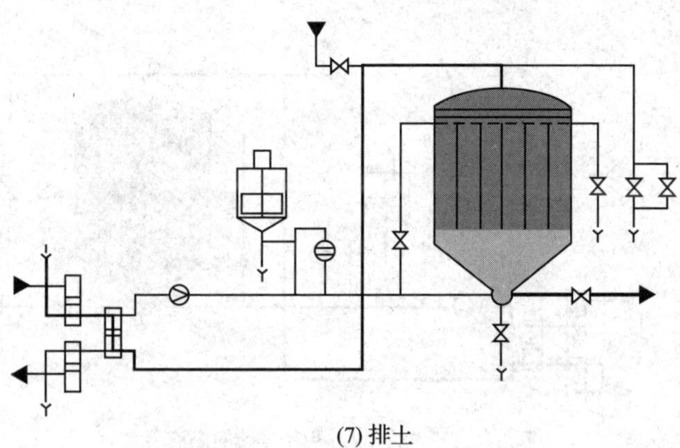

(7) 排土

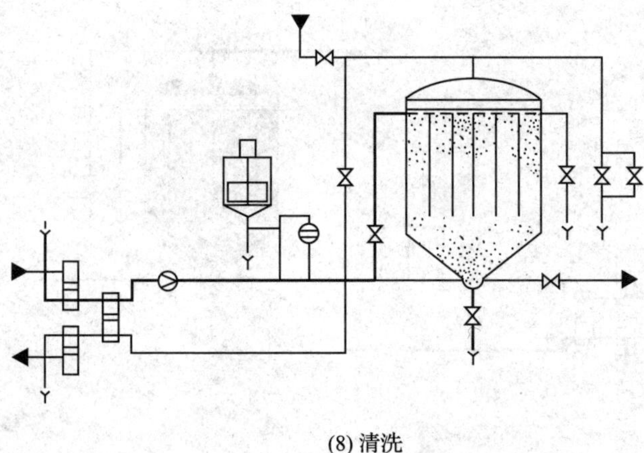

(8) 清洗

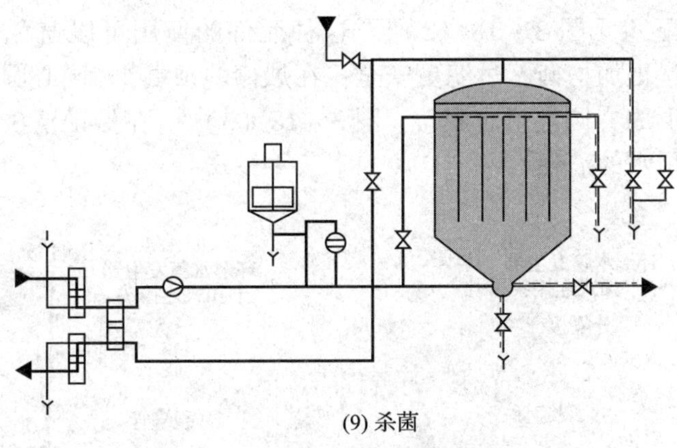

(9) 杀菌

图 3－16　烛式硅藻土过滤机的操作过程图

（三）新型的烛式硅藻土过滤机——Ecoflux

Ecoflux［图 3－17］和传统的烛式硅藻土过滤机相比，在以下方面有了改进或改良：

1. 烛棒

新型烛棒［图 3－18（1）］和分隔板的连接方式由传统的丝扣式改进为旋转卡口式，安装起来更加方便、快捷；另外，经过计算并优化，新型烛棒的直径设计为 34mm，缝隙宽度为 30μm，这种设计在兼顾过滤面积的同时又大大提高了烛棒的机械强度并且将预涂次数缩短为一次；同时，新型烛棒在分布上也进行了优化，达到了过滤机内部空间的最大利用，在不改变过滤面积的情况下提高了过滤能力。

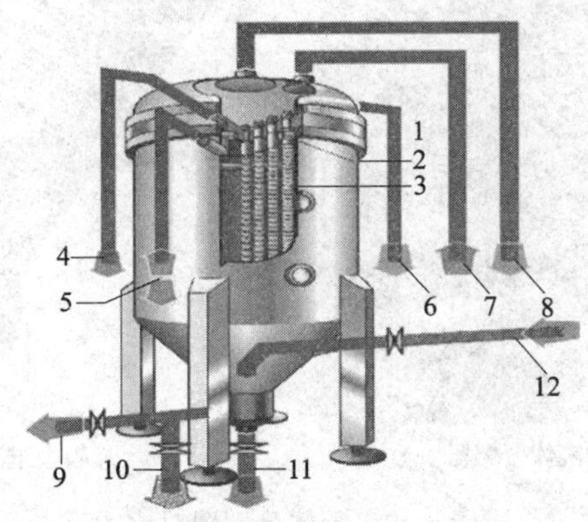

图 3－17　新型烛式硅藻土过滤机——Ecoflux

1—分隔板　2—喷淋和排风系统　3—新型烛棒　4—容器排气　5—进口喷淋和排气
6—滤室残液排空　7—清洗烛棒用压缩空气　8—滤液出口　9—冲洗水
10—助滤剂排出口　11—容器排空　12—未滤液进口

除此以外，新型烛棒的结构也进行了改良。新型烛棒在封口处理上采用新的元件－流量匹配塞［图 3－18（2）］，这种元件的使用可以避免出现赃物聚集点，可以使流量更加均衡，过滤更安全；在烛棒的顶端，“同心圆”的设计可以在烛棒清洗时形成“圆环形水膜”［图 3－18（3）］，在保证清洗效果不变的前提下大大降低了水的消耗。

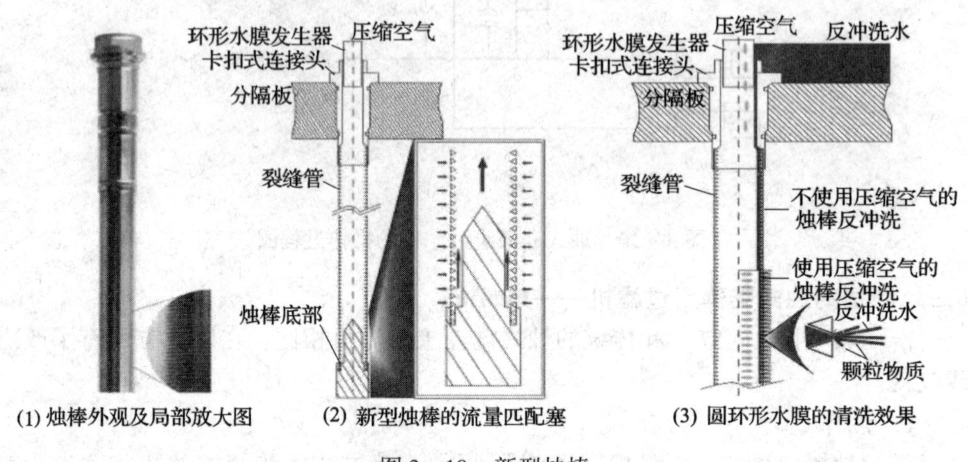

(1) 烛棒外观及局部放大图　(2) 新型烛棒的流量匹配塞　(3) 圆环形水膜的清洗效果

图 3－18　新型烛棒

2. 液体分配器

新型烛式硅藻土过滤机所匹配的液体分配器（图 3－19）与传统的相比具有以下优点：

(1) 传统过滤机所匹配的液体分配器

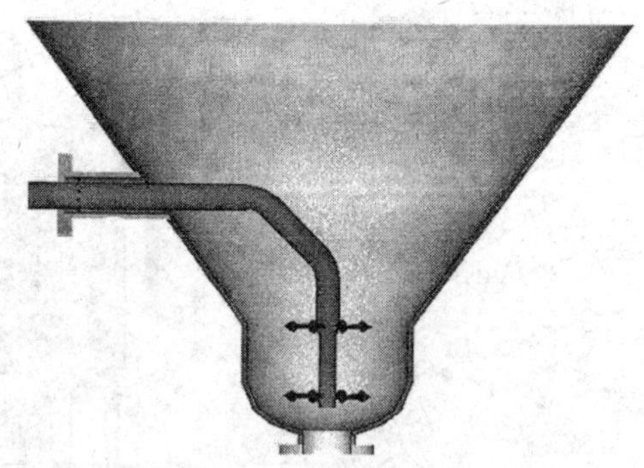

(2) 新型过滤机所匹配的液体分配器

图 3－19　液体分配器对比图

（1）预涂时，硅藻土的分布更加均匀。

（2）顶水或顶酒时，液体间的接触面积较小，从而减少了酒头和酒尾的数量。

（3）过滤时，待过滤酒液对烛棒表面涂层的冲击较小，过滤效果好。

3. 清洗系统

传统烛式硅藻土过滤机在清洗时，需要整个过滤机内部充满水，虽然清洗效果没有问题，但是耗水量很大。对于这个问题，新型过滤机的制造商在清洗系统上也进行了大刀阔斧的改进，主要从烛棒清洗、罐壁清洗和罐顶清洗三个方面着手，并且对此拥有三项专利技术。如今，新型的清洗系统可以在保证清洗效果不变的前提下，实现“三最”，即：“清洗最彻底、清洗剂消耗量最低和清洗时间最短”。

（四）烛式硅藻土过滤机的技术参数及优缺点

1. 技术参数

烛式硅藻土过滤机的技术参数见表3－1。

表3－1 烛式硅藻土过滤机的技术参数

项目	传统烛式硅藻土过滤机	新型烛式硅藻土过滤机
烛棒孔隙/μm	60～90	30
过滤面积/m^2	150	150
预涂土量/（g/m^2）	1200～1500	600～800
硅藻土负荷/（kg/m^2）	6～7	9
过滤能力/（hL/m^2）	30～64	55～117
过滤流速/［$hL/(m^2 \cdot h)$］	5～6	5～10
有效过滤时间/h	8	8
过滤机最高压力/MPa	0.6～0.7	0.9

2. 优缺点

（1）结构简单，无活动部件，维护简单且费用低。

（2）操作简单，容易实现自动化操作，过滤效率高。

（3）由于烛棒呈垂直安装，所以预涂层的稳定性相对较差。

（4）过滤时，会产生酒头和酒尾，具有一定的酒损。

（5）设备安装时，对车间的净空高度有要求。

三、叶片式硅藻土过滤机

叶片式硅藻土过滤机根据叶片安装方向的不同，可以分为水平叶片式和垂直叶片式硅藻土过滤机。目前，使用较多的是水平叶片式硅藻土过滤机（图3－20），由于其过滤效率较高，也将其称为“水平高效过滤机”，简称“ZHF”。

图 3－20　水平叶片式硅藻土过滤机

（一）水平叶片式硅藻土过滤机的结构

水平叶片式硅藻土过滤机为圆柱形立式压力罐，它主要由以下部件组成：

1. 中心轴

中心轴（图 3－21）位于过滤机内部的正中心位置，是空心的并且表面开有很多滤孔，主要作为过滤时已过滤酒液的出口；在电机或液压装置的驱动下中心轴可以旋转，并带动叶片一起旋转以甩掉叶片上的硅藻土，有助于硅藻土的彻底排放。有些叶片式硅藻土过滤机的中心轴具有两个通道，以此来改善预涂以及连续补料时的分配情况，从而使硅藻土更加均匀地分配在每一个叶片上。

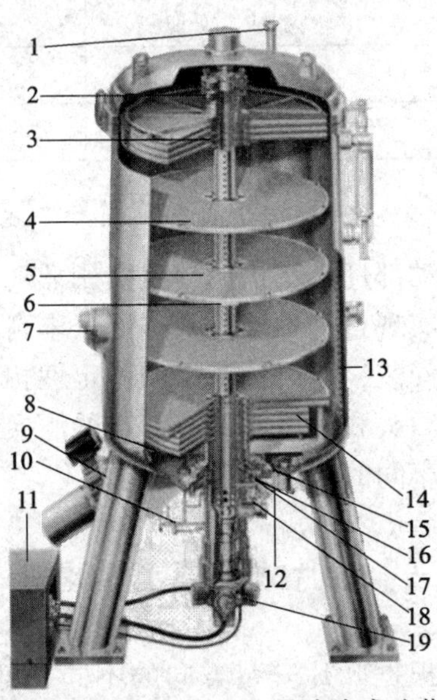

图 3－21　SCHENK ZHF/Z PRIMUS Ⅲ叶片式硅藻土过滤机结构图

1—排气口　2—压紧装置　3—分配器　4—间隔环　5—叶片　6—中心轴　7—视镜
8—废硅藻土排放装置　9—硅藻土排放口　10—中心轴润滑管路　11—液压装置
12—中心入口　13—喷淋室　14—残余叶片　15—下部入口　16—中心轴密封装置
17—残液出口　18—滤液出口　19—液压驱动电机

2. 叶片

叶片（图3-22）是叶片式硅藻土过滤机的核心部件，是预涂和过滤时的支撑材料。叶片呈圆盘形，有上下两层，下层为不锈钢实心结构，上层是用铬镍钢编制的金属网状结构，金属筛网的孔径为50~80μm。叶片以30~50mm的间隔水平安装在可以旋转的中心轴上，每个叶片都是一个单独的过滤单元。

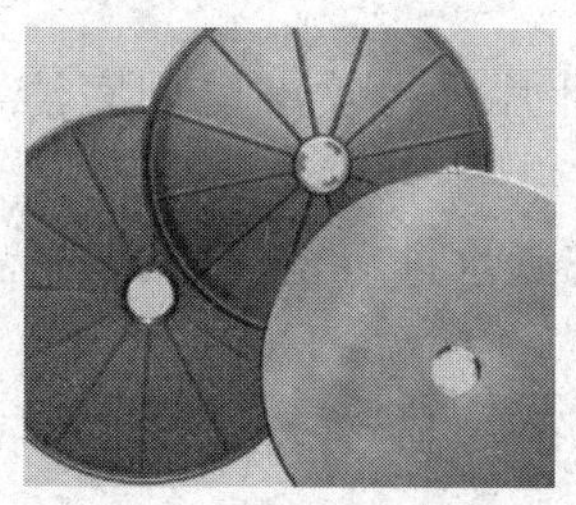

(1) 各种类型的叶片

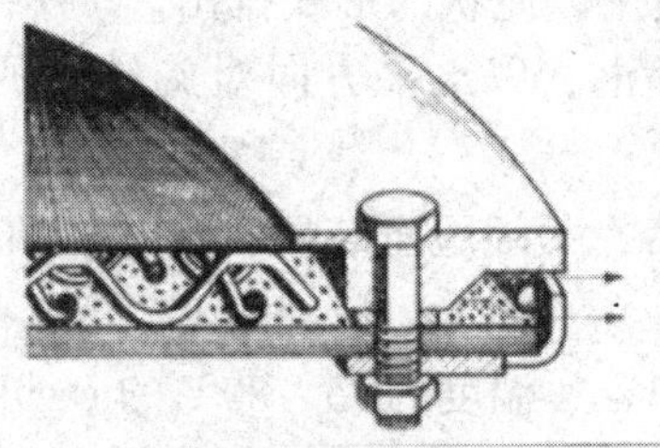

(2) 叶片的结构

(3) 安装在过滤机内的叶片

图3-22　叶片

（二）水平叶片式硅藻土过滤机的操作过程

1. 过滤机的杀菌

（1）使用水进行循环清洗5~10min。

（2）使用85~90℃的热水对过滤机进行循环杀菌30~35min，杀菌结束前5min通知微生物检测部门取样，以检查杀菌是否有效。

2. 过滤机的预涂和过滤

（1）泵入无菌脱氧水，打开排气口，开启甩土装置，让叶片旋转1~2圈，以彻底排除空气。

（2）关闭排气口，打开循环泵（预涂泵），将过滤机进口压力调至0.4MPa，液体循环流速调至预涂流速（约为设备标定过滤流速的2倍）。

（3）根据过滤面积和预涂工艺计算并配制硅藻土混合液，然后加入硅藻土混合罐。

（4）打开硅藻土计量添加泵，开始进行预涂。

（5）和烛式硅藻土过滤机一样，也是分两次预涂，每次预涂后都要进行循环5~10min。

（6）泵入待过滤的酒液，缓慢地将过滤机内的无菌脱氧水排出，此时要注意“酒头”的产生以及回收。

（7）顶水结束后，将酒液的循环流速调至预涂流速，开始进行循环以降低酒液的浊度，同时打开硅藻土计量添加泵进行连续补料。

（8）当酒液的浊度达到生产要求时，将流速降至过滤流速，转换阀门开始进行过滤。

(9) 过滤过程中，由于不断地追加硅藻土以及滤层通透性能的下降，过滤机进口和出口的压差会不断上升，当达到极限压差时停止过滤。

(10) 使用无菌脱氧水将过滤机内部的残余酒液顶出，此时要注意“酒尾”的产生以及回收。

3. 过滤机的排土和清洗

(1) 缓慢地将过滤机内的压力卸掉，打开硅藻土排放口，开启甩土装置，让叶片旋转起来，这时硅藻土以泥状的形式排出。

(2) 打开过滤机侧面喷淋，以水平方向对旋转中的叶片进行喷淋以彻底清除叶片表面的硅藻土。

(3) 硅藻土彻底排放后，关闭甩土装置；让过滤机充满水进行正反向冲洗，直至没有泡沫产生为止。

(4) 使用浓度为2%~3%、温度为75~80℃的NaOH溶液进行循环清洗25~30min。

(5) 用水循环冲洗5~10min，直至将残碱冲洗干净。

(6) 使用浓度为1%左右的HNO_3溶液进行循环清洗20~25min。

(7) 用水循环冲洗干净后备用。

(三) 新型的水平叶片式硅藻土过滤机——PRIMUS

毫无疑问，硅藻土可以很好地涂在水平叶片上，这也是叶片式硅藻土过滤机和板框式以及烛式过滤机相比最大的一个优势；但是，要使硅藻土完全均匀地分布于所有的叶片上仍然是很困难的。新型的PRIMUS过滤机在这方面有了很大的改进，它使用“双通道”的中心轴取代了传统的液体分配器，使液体分配更加均匀（图3－23）。同时，新型过滤机叶片表面的筛网孔径缩小到30~40μm，使叶片的机械强度得到提高，叶片也就可以做得更大，过滤面积有所增加。

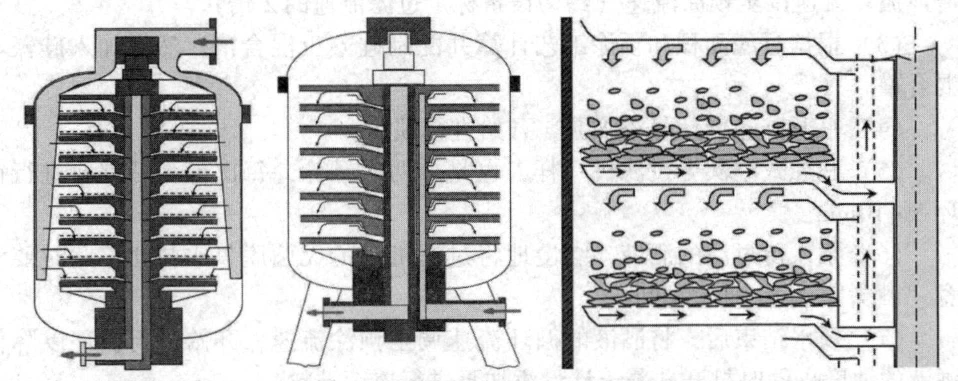

(1) 传统叶片式硅藻土过滤机　(2) 新型叶片式硅藻土过滤机　(3) 新型过滤机的液体流动方式局部放大图

图3－23　叶片式硅藻土过滤机的液体流动方式

（四）水平叶片式硅藻土过滤机的技术参数及优缺点

1. 技术参数

水平叶片式硅藻土过滤机的技术参数见表3-2。

表3-2 水平叶片式硅藻土过滤机的技术参数

项目	传统水平叶片式硅藻土过滤机	新型水平叶片式硅藻土过滤机
烛棒孔隙/μm	50~80	30~40
预涂土量/（g/m^2）	1000~1200	600~800
硅藻土负荷/（kg/m^2）	5~7	9~11
过滤能力/（hL/m^2）	30~32	55~60
过滤流速/［hL/（m^2·h）］	5	5~10
有效过滤时间/h	8	8
过滤机最高压力/MPa	0.8	0.9

2. 优缺点

（1）预涂结束后，可以采用CO_2压空的方式，过滤时不会产生酒头和酒尾。

（2）滤层相对稳定，过滤效果好，容易实现自动化操作。

（3）设备密封性能好，过滤过程中酒液吸氧少。

（4）可以做到硅藻土的干排放，有利于硅藻土处理费用的降低。

（5）准备时间长、维护费用高。

第三节 硅藻土过滤机预涂的控制要点及注意事项

一、硅藻土过滤机预涂的控制要点

（一）预涂时硅藻土的使用量及配比

对于传统的硅藻土过滤机来讲，预涂时硅藻土的使用量按照1000g/m^2（一般是800~1200g/m^2）的标准进行计算，新型的过滤机则按照600~800g/m^2的添加标准来计算。

预涂时硅藻土的使用量确定后，接下来就要考虑硅藻土的使用种类及配比的问题了。对于传统的两次预涂工艺来讲，第一次预涂应使用大量的粗硅藻土形成“架桥层”，建议采用70%的粗硅藻土；第二次预涂应根据待过滤啤酒的可滤性来决定硅藻土的种类及配比，如果啤酒的可滤性较好的话，建议采用15%的粗硅藻土和15%的细硅藻土。由于新型过滤机的支撑材料的孔径变小了，所以不需要采用两次预涂工艺，在啤酒可滤性较好的情况下建议直接采用50%的粗硅藻土和50%的细硅藻土进行一次预涂。

（二）硅藻土混合液的配制

由于硅藻土呈粉末状，因此不可能将其直接涂在支撑材料上形成过滤层，必须先将其配制成混合液再进行预涂。在配制硅藻土混合液时，要严格按照1:5～10的混合比例进行配制；在预涂时，使用无菌脱氧水或热水来配制，在补料时就使用待过滤的啤酒来配制。

（三）预涂压力和预涂流速

在预涂过程中，过滤机内部必须具有一定的压力，这样可以辅助硅藻土更加牢固地涂在支撑材料上面。板框式硅藻土过滤机的预涂压力一般在0.2～0.3MPa，烛式和叶片式硅藻土过滤机的预涂压力在0.3～0.4MPa。

预涂时，流速的高低和稳定与否直接决定了硅藻土过滤层的牢固性和均匀性。板框式硅藻土过滤机的预涂流速为设备标定过滤流速的1.3～1.5倍，烛式和叶片式硅藻土过滤机的预涂流速为设备标定过滤流速的为1.5～2倍。

二、硅藻土过滤机预涂的注意事项

（一）对过滤机进行严格的清洗和杀菌

啤酒过滤作为啤酒生产过程中的“后修饰”工序确实使啤酒的感官性状得到了很大的提高，但同时也增加了啤酒污染的风险。因此，在对啤酒进行过滤以前，必须要严格按照过滤设备的清洗和杀菌标准程序来执行操作，不允许啤酒在过滤过程中出现污染。

（二）过滤设备及相关连接件和管路的彻底排空

在对过滤设备进行预涂以前，必须将设备及相关连接件和管路内的空气彻底排出，这一点毋庸置疑。如果过滤设备中存在空气，那么在预涂的过程中，这些气体就会吸附在支撑材料的表面形成气泡，硅藻土很难被涂上，从而导致“漏涂”的现象发生；另一方面，这些气体也会使酒液的吸氧量有所增加。

（三）预涂压力和预涂流速的稳定

预涂压力和预涂流速的稳定对过滤层的均匀性影响很大。如果压力和流速忽高忽低，就会导致预涂后的过滤层出现厚薄不一的现象，那么在过滤时酒液的浊度就难以达标。如今，通过自动化控制技术的应用，预涂压力和预涂流速的稳定已经能够得到保证了。

（四）预涂过程中的故障

作为预涂操作者，在整个预涂过程中，要特别注意观察硅藻土的添加情况及硅藻土混合罐的液位。如果出现了硅藻土计量添加泵堵塞的故障，应立即关闭计量添加泵，待故障排除后再开机。

第四节　硅藻土过滤机预涂效果的评价

一、感官评价

预涂结束后，形成的过滤层应厚薄均匀，不应出现凹凸不平和漏涂的现象（图 3－24）。

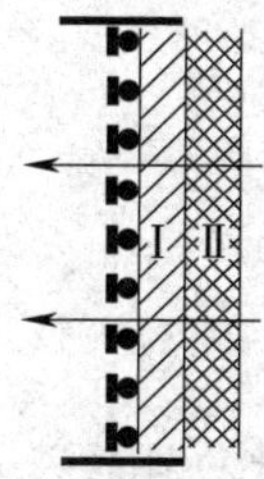

(1) 垂直安装的支撑材料上的预涂层

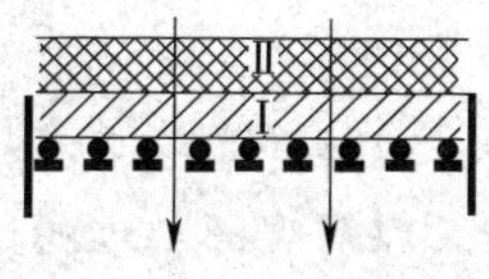

(2) 水平安装的支撑材料上的预涂层

图 3－24　良好的预涂层

二、数据评价

预涂结束后形成的初始压差［图 3－1（3）］可以作为评价预涂效果的一个指标。如果初始压差过高（＞0.04MPa），说明预涂时细硅藻土使用比例过高或者支撑材料表面清洗不彻底。

复习思考题

1. 列举硅藻土过滤机预涂的方法及各自的优缺点。
2. 列举硅藻土过滤机预涂的步骤。
3. 描述板框式硅藻土过滤机支撑纸板的安装过程。
4. 如何计算烛棒的过滤面积？
5. 新型的 Ecoflux 过滤机和传统过滤机相比，有哪些改进或改良？
6. 列表说明三大硅藻土过滤机的技术参数。
7. 传统叶片式硅藻土过滤机的液体分配器有哪些缺点？
8. 列举硅藻土过滤机预涂时的控制要点及注意事项。
9. 如何评价预涂效果？

第四章 啤酒的粗过滤

知识目标

1. 理解并掌握啤酒粗过滤的操作过程；
2. 理解啤酒粗过滤过程中的注意事项；
3. 理解并掌握啤酒粗过滤过程连续补料的目的；
4. 了解废弃硅藻土的处理；
5. 了解啤酒粗过滤过程中相关指标的测定方法；
6. 了解啤酒粗过滤过程中如何避免吸氧。

技能目标

1. 能填写啤酒过滤过程记录表；
2. 能进行相关指标的测量；
3. 能对啤酒进行粗过滤处理。

第一节 啤酒粗过滤的操作过程

一、啤酒粗过滤之前的检查

硅藻土过滤机预涂结束以后，在开始过滤以前还需要对待过滤的酒液进行一系列的检查，主要检查项目如下：

（1）酒液温度 待过滤酒液的温度应该保持在啤酒发酵时低温冷储的温度范围，即，-1～0℃。

（2）酒液的感官性状　可滤性较好的酒液看起来至少不呈雾状，较清亮，不应有明显的颗粒物质；泡沫洁白细腻、挂杯性较好；口感纯净、有较强的杀口力。

（3）酒液中的悬浮酵母细胞数　酒液中的悬浮酵母细胞数不应超过 2×10^6 个/mL。

除了对待过滤酒液进行检查外，还要注意检查锥形大罐的罐压（啤酒过滤时的送酒压力）是否达到要求以及管道连接是否正确可靠。

二、啤酒粗过滤的操作过程

以板框式硅藻土过滤机为例，啤酒粗过滤的操作过程如下：

（1）打开过滤机的循环泵，缓慢调节进口处的阀门，以不超过3.5hL/（$m^2\cdot h$）的速度将待过滤的酒液泵入，过滤机内部的无菌脱氧水被顶出，此时要注意判断“酒头”的产生并及时将其回收至专门的容器内。

（2）确认无菌脱氧水被全部顶出后，通过调节过滤机进、出口处的阀门将过滤机进口压力调至0.3～0.4MPa，将过滤机的流速调至5～7hL/（$m^2\cdot h$）进行循环；同时，打开硅藻土计量添加泵，按照60～120g/hL 的标准进行连续补料，以不断地更新过滤层，保持滤层的通透性，使酒液的浊度快速下降。

（3）在过滤机的出口处取样，测量浊度；达到要求后，将过滤机的流速降至3～3.5hL/（$m^2\cdot h$），将过滤机出口处的阀门由“循环状态”转换至“过滤状态”，开始进行啤酒的粗过滤，在过滤过程中要定时取样检测酒液的浊度。

（4）随着过滤的不断进行以及硅藻土的连续追加，过滤层不断增厚，拦截下来的颗粒物质和胶体物质不断增多，从而导致过滤层的通透性能不断下降，过滤机进出口处的压力差不断升高，在过滤以及连续补料正常的情况下，压差的上升速度为0.02～0.04MPa/h。

（5）当过滤机进出口处的压差达到设备所标定的极限压差（0.3MPa）时，应马上停止过滤。

三、啤酒粗过滤结束后硅藻土的排放和过滤机的清洗

（1）过滤结束后，泵入无菌脱氧水将过滤机内残留的酒液顶出，此时要注意判断“酒尾”的产生并及时回收至专门的容器内。

（2）将过滤机内部的压力缓慢卸掉，启动液压张紧装置，将过滤机松开。

（3）使用“刮刀”小心地将支撑纸板表面附着的硅藻土刮下来，然后使用水枪将支撑纸板冲洗干净（图4－1）。

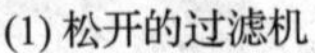

(1) 松开的过滤机

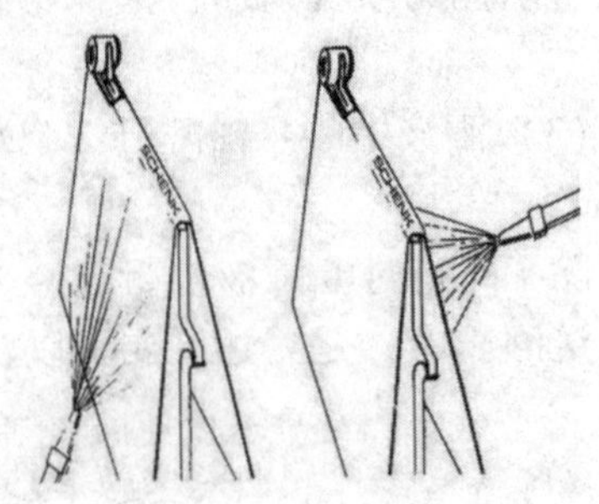

(2) 使用水枪对支撑纸板进行冲洗

图 4－1　板框式硅藻土过滤机过滤后的清洗

（4）将刮掉的硅藻土回收至专用容器，经处理后再行排放。

（5）取下支撑纸板，用水枪将滤板和滤框彻底冲洗，然后再将支撑纸板装好。

（6）启动液压张紧装置，将过滤机压紧。

（7）打开过滤机的循环泵，使用水对过滤机进行正反向的循环冲洗，直至过滤机出口处的水没有泡沫、清亮为止。

（8）在冲洗过程中，过滤机的流速不低于 3.5hL/（m^2・h），进口处的压力为 0.1MPa。

（9）使用 85～90℃的热水对过滤机进行循环杀菌 30～35min，杀菌结束后备用。

四、啤酒粗过滤过程中的酒头和酒尾

（一）定义

酒头和酒尾都是指啤酒和无菌脱氧水所形成的酒水混合物。在过滤开始阶段，用待过滤的啤酒顶水时产生的酒水混合物称为酒头；在过滤停止后，用无菌脱氧水顶酒时产生的酒水混合物称为酒尾。

（二）特点

由于酒头和酒尾都是酒水混合物，所以其浓度较低、溶解氧含量较高、pH 较高、二氧化碳含量较低并且容易受到微生物的污染。

（三）处理方法

啤酒过滤时，可以将酒头和酒尾回收至专门的容器内，通过以下的处理方法使其得到利用。

（1）使用除菌纸板过滤机或膜过滤机对其进行无菌过滤，然后泵入单独的发酵罐中再发酵；

（2）在麦汁煮沸过程中将其加入，以充分利用酒头和酒尾中的浸出物。

（3）通过高温瞬时杀菌处理后将其用于配制硅藻土混合液。

第二节 啤酒粗过滤的控制要点及注意事项

一、啤酒粗过滤的控制要点

（一）待过滤酒液的输送压力

在过滤的过程中，始终要保证送酒的压力要稳定。一般情况下，过滤时的送酒压力等于发酵时的低温冷储压力，即，0.10～0.15MPa。如果在过滤过程中，出现了送酒压力过低的现象，就会导致送过来的酒液出现大量的泡沫，从而影响过滤的效果和压差的上升。

（二）顶水时的压力和流速

过滤开始时，要先用待过滤的酒液将预涂后残留在过滤机内的无菌脱氧水顶出。在顶水的过程中，压力和流速要控制在过滤设备所允许的范围内；尤其是流速，应以不超过过滤流速为准，否则就很容易将过滤层冲垮。

（三）酒液循环和过滤时的压力和流速

顶水结束后，就要开始酒液循环以降低浊度，循环时的流速为设备标定过滤流速的1.5～2倍；浊度达标后，应快速将流速降至过滤流速开始进行啤酒过滤，并且在整个过滤过程中应尽可能地保证压力和流速的稳定。

（四）过滤过程中的硅藻土追加量

仅仅依靠预涂过程所形成的过滤层是很难完成整个过滤过程的，必须在过滤的过程中不断地追加硅藻土，以不断地更新过滤层，保持过滤层的通透性。一般情况下，过滤时硅藻土的追加量（连续补料量）控制在60～120g/hL。具体的追加数量和硅藻土的种类及配比取决于待过滤酒液的可滤性以及浊度和压差的变化。

（五）清酒罐或缓冲罐的压力

从过滤机出来的清亮酒液要被输送至清酒罐或缓冲罐内，为了避免酒液产生泡沫，清酒罐或缓冲罐应先背压至不低于酒液的CO_2饱和压力，很多企业控制在0.2～0.25MPa；随着酒液的不断进入，罐内的气体被压缩，压力会自然上升，此时要注意观察压力的上升情况，并及时泄压。

（六）过滤过程中的吸氧量

啤酒发酵结束后，酒液中溶解氧的含量几乎为零；但是，经过啤酒过滤后，其溶解氧含量会有所上升。由于氧会对啤酒质量产生很大的影响，所以在过滤过程中要严格控制酒液溶解氧含量的上升。常用的措施如下：

（1）过滤机在使用之前要使用无菌脱氧水彻底排空，从发酵罐出口到清酒罐所有的管道、设备在走酒之前也要用无菌脱氧水充满，再用酒将其顶出。

（2）脱氧水储备罐在使用之前要用 CO_2 置换罐内的空气并背压 0.08～0.1MPa。

（3）预涂时使用无菌脱氧水配制硅藻土混合液，硅藻土混合罐使用 CO_2 气体保护。

（4）使用无菌脱氧水配制抗氧化剂，在过滤好的清酒中在线均匀添加。

（5）过滤管路及循环泵应密封良好并设有排气装置，杜绝跑、冒、漏、滴和管路及过滤机空运行的现象。

（6）背压用的 CO_2 的纯度至少不低于 99.5%。

二、啤酒粗过滤的注意事项

（一）待过滤酒液输送时的稳定性

为了保证过滤时酒液输送的稳定性，很多啤酒过滤系统都在硅藻土过滤机前配备了合流器（图 4－2）。合流器主要起到合流、缓冲的作用，可以避免出现压力冲击和酵母冲击。

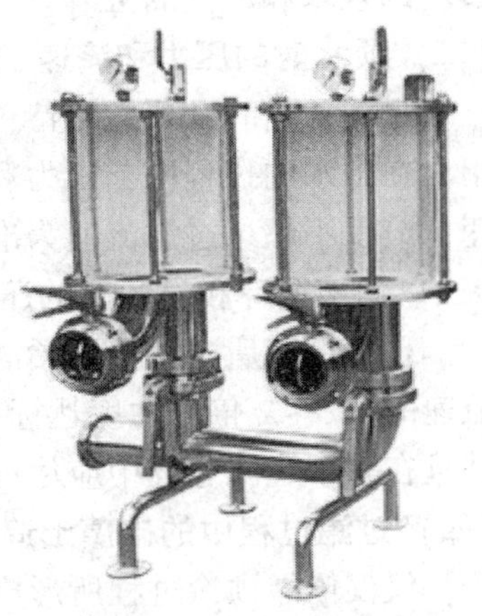

图 4－2　合流器

（二）注意过滤过程中酒液浊度的变化

当酒液浊度达标（很多企业控制在 <0.5EBC）后，就要开始进行过滤。在过滤过程中，要随时注意观察酒液浊度的变化，每隔 1h 取样测量并记录测量数据；如果浊度高于规定值，可在过滤机进出口压差平稳上升的基础上，适当增加细硅藻土的使用比例或增加补料量。

（三）注意突发情况的处理

在过滤过程中，如果遇到突然停电等事故时，应迅速关闭过滤机进出口阀门，以保持过滤机内部的压力；来电后，首先将过滤机内的酒液进行循环，待浊度合格后再开始过滤。

（四）注意观察过滤过程中过滤机进出口压差的变化

随着过滤层的不断增厚，形成的阻力也就越来越大，所以过滤时过滤机进出口之间的压差会不断上升。正常情况下，板框式和叶片式硅藻土过滤机压差上升的速度为 0.02～0.04MPa/h，烛式硅藻土过滤机压差上升的速度为 0.03～0.05MPa/h。

过滤时连续补料除了不断更新过滤层外，还应起到尽可能稳定压差上升的作用。如果混合使用不同的硅藻土，则可调整其配比；如果只使用一种硅藻土，那么只能通过补料量的多少来调整了。太低的补料量［图 4－3（2）］不能保证压差以正常的速度线性升高，随着浑浊物质进入硅藻土滤层中，就会形成一个不可逆的阻隔层，最终导致压差大幅度上升；当出现所谓的酵母冲击时，也就是说有块状的酵母泥进入过滤机，就会使压差突然变大，从而使过滤机的有效过滤时间大幅度缩短［图 4－3（3）］；当连续补料量太大时，也会导致过滤时压差变化曲线的偏移以及过滤机的浊酒室提前满负荷，最终导致过滤被提前中止［图 4－3（4）］。

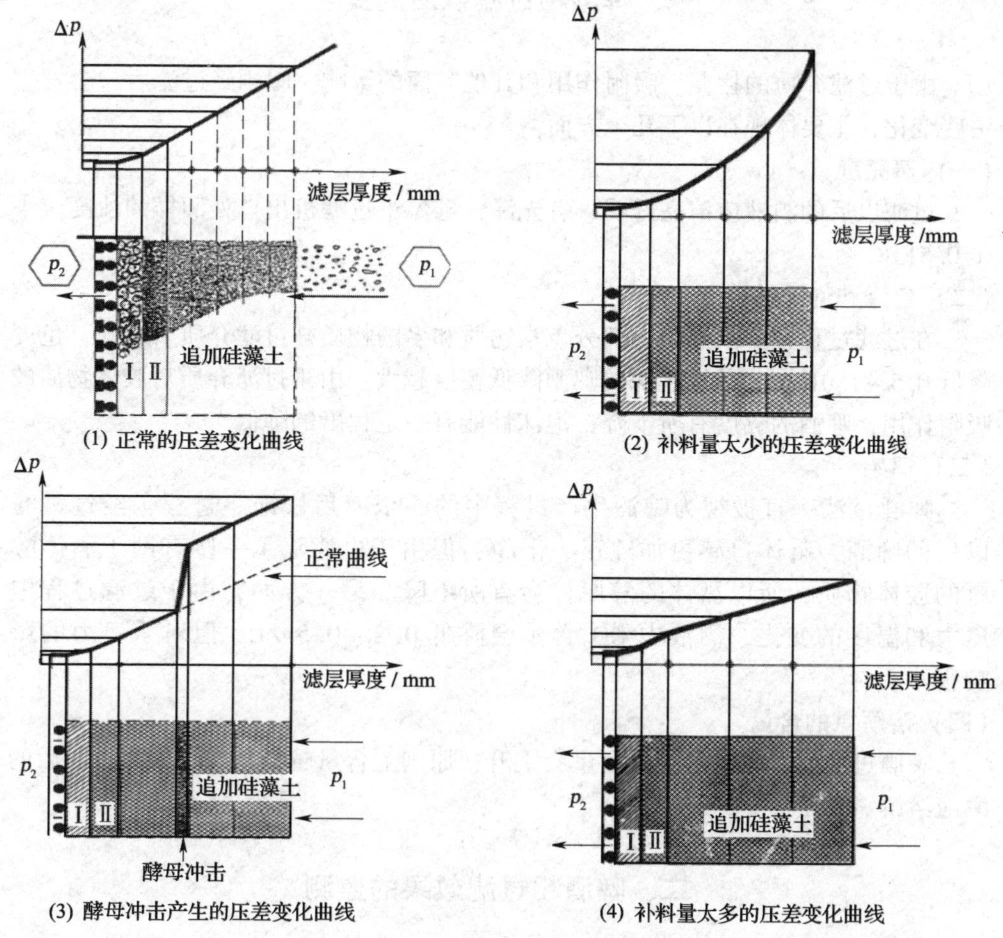

图 4－3　过滤过程中的压差变化曲线

（五）过滤停机的条件

1．正常停机

完成了过滤任务。

2．非正常停机

(1) 达到了过滤机的极限压差。

(2) 达到了过滤机浊酒室的极限负荷。

只要满足以上两个非正常停机条件中的任意一个，就要停止过滤，更换新的滤层。

第三节　啤酒粗过滤效果的监测

一、啤酒粗过滤以后的变化

由于过滤介质的拦截、吸附作用和其他方面的影响，啤酒经过滤后，会发生一些变化，主要体现在以下几个方面：

(一) 清亮度

过滤以后的酒液应清亮透明、有光泽，硅藻土过滤机出口处酒样的浊度应小于0.5EBC。

(二) 色泽和泡沫性能

在过滤过程中，酒液中的部分色素物质和多酚物质被过滤介质所吸附，色度降低0.5~1.0EBC，色泽越深的啤酒降低幅度越大；由于过滤介质对胶体物质的吸附作用，啤酒的黏度有所下降，泡沫性能有一定程度的降低。

(三) 口感

啤酒过滤一直被视为啤酒生产过程中的一个“后修饰”过程，经过过滤以后的啤酒，整体口感更加纯正、干净；但由于也滤除了一些有助于酒体醇厚的胶体物质，所以酒体的醇厚性会有所下降。另一方面，由于过滤过程中压力和温度的变化，酒液中CO_2含量会降低0.2~0.5g/L，但对杀口力的影响很小。

(四) 溶解氧的含量

啤酒过滤后，其溶解氧的含量会上升，原则上含量越低越好，希望过滤后的酒液溶解氧含量<0.05mg/L。

二、啤酒粗过滤效果的监测

(一) 浊度的监测

在过滤的过程中，要对过滤后的酒液定时取样进行浊度的测量。通过浊度的变化，可以及时反馈并指导过滤工艺的调整。一般情况下，每隔1h就要从硅藻土过滤机的出口处取样，将样品装入专用的浊度测量瓶，然后送至化验室使用浊度仪进行测量，这种测量方式称为离线测量［图4-4（1）］；为了解决离线测量结果滞后的问题，过滤机制造商和检测仪器供应商合作，将浊度测量终端直接安装在过滤机的出口，这样就可以实时测量并显示结果，这种测量方式称为在线测量［图 4－4（2）］。

(1) 离线测量仪器

(2) 在线测量装置

图 4－4 浊度测量

（二）溶解氧的监测

无论在啤酒生产的哪一个环节，氧含量的控制始终是啤酒生产工作者最为关心的。啤酒过滤过程如果控制不当，就会导致过滤后的啤酒溶解氧含量很高；通过在线溶解氧测量装置（图 4－5）的使用，就可以及时、准确地对过滤过程中酒液溶解氧含量进行监测。

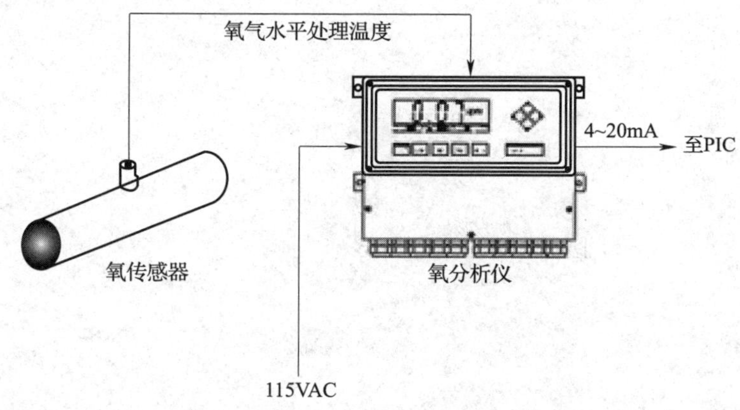

图 4－5 在线溶解氧测量装置

（三）酒液浓度（原麦汁浓度）的监测

通过使用在线浓度（密度）测量装置（图 4－6），可以及时、准确地反映出过滤过程对酒液浓度的影响；另外，对于“先稀释后过滤”的高浓稀释酿造工艺来讲，可以将在线浓度（密度）测量信号与高浓稀释控制信号并轨，形成闭环控制，这样就可以通过在线测量数据来反馈并控制稀释比例。

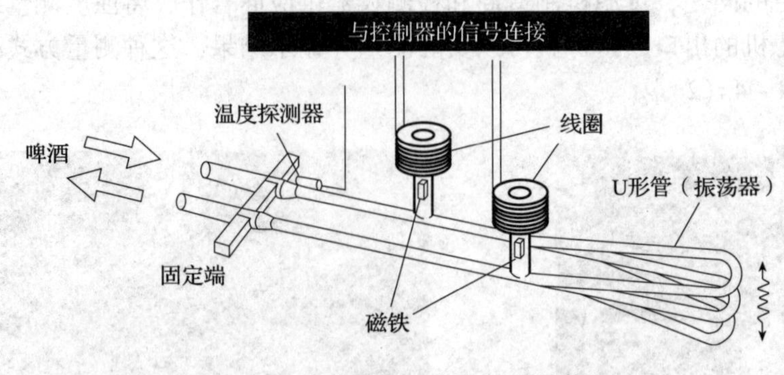

图4-6　在线浓度（密度）测量装置

复习思考题

1. 以板框式硅藻土过滤机为例，描述啤酒粗过滤的操作过程。
2. 如何避免或降低酒液在过滤过程中的吸氧？
3. 过滤过程中，正常的压差上升速度是多少？
4. 如何判断过滤过程可以停止了？
5. 压差变化异常的表现有哪些？
6. 啤酒粗过滤过程中的控制要点及注意事项是什么？

第五章

啤酒的精过滤

知识目标

1. 理解并掌握啤酒精过滤的设备及耗材；
2. 理解并掌握过滤纸板的类型；
3. 掌握过滤纸板的安装方法；
4. 了解错流过滤的原理及应用。

技能目标

1. 能辨别啤酒精过滤的设备及耗材；
2. 能进行纸板过滤机过滤纸板的安装。

第一节　啤酒精过滤的方法及设备

一、啤酒粗过滤后的过滤可能性

从啤酒过滤的精度来看，硅藻土过滤仅仅作为澄清过滤处理，它无法满足更高过滤精度的要求；为了延长啤酒的保质期，必须对啤酒在硅藻土过滤的基础上再进行精过滤处理。如今，纯生啤酒以它特有的优势逐渐征服了消费者的心，它也就成了众多啤酒生产企业的首选生产品种。这种啤酒对过滤精度的要求更高，因此还要在精过滤的基础上进行无菌过滤处理。

啤酒精过滤甚至是无菌过滤的方法或组合形式如下（图 5－1）：纸板过滤机、纸板过滤机 + 膜过滤机、膜块过滤机、膜块过滤机 + 膜过滤机、细过滤机 +

膜过滤机、细过滤机、颗粒捕捉器、颗粒捕捉器+细过滤机、颗粒捕捉器+细过滤机+膜过滤机。

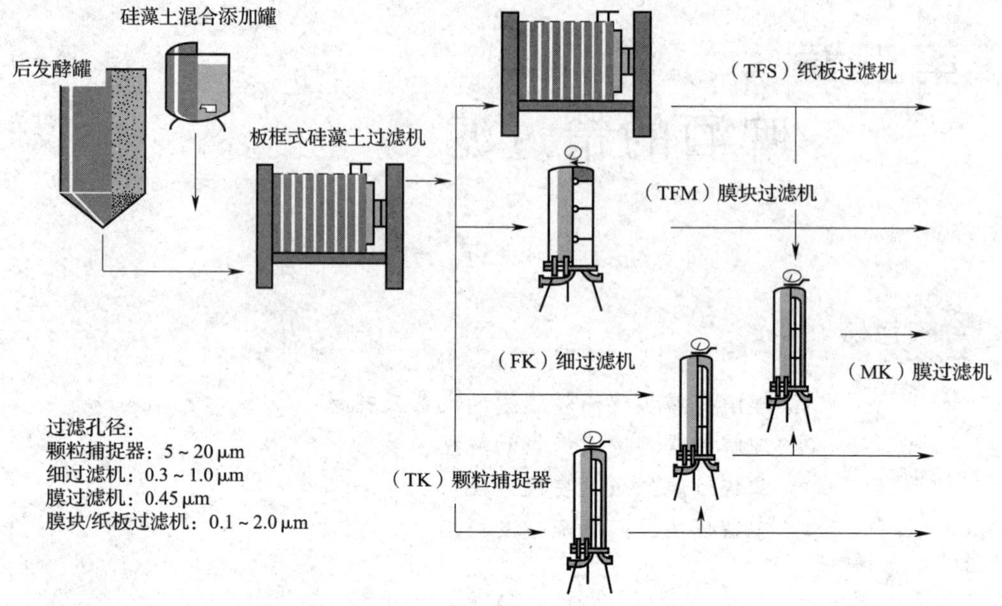

图 5－1　啤酒粗过滤后的过滤可能性

二、啤酒精过滤的设备

根据以上的过滤可能性，啤酒的精过滤设备主要有：纸板过滤机、膜块过滤机、膜过滤机、细过滤机、颗粒捕捉器。

第二节　纸板过滤机

纸板过滤机与板框式硅藻土过滤机相比，纸板过滤机仅由滤板组成，在滤板之间悬挂着起过滤作用的过滤纸板。粗过滤以后的啤酒从上面和下面同时进入每两个滤板中的其中一个，穿过过滤纸板后从相邻滤板中流出（图 5－2）。啤酒厂常常将纸板过滤机放在硅藻土过滤机之后用于精滤，若采用除菌过滤纸板也可用于无菌过滤。

一、纸板的加工及分类

过滤纸板具有特殊的意义，纸板主要由纤维和硅藻土经过一系列工序加工而成（图5－3），其孔径为4～6μm，具有较高的渗透性。过去制作纸板均掺入一定数量的石棉，其吸附能力较强，后因石棉对人体有害，已被禁止使用。硅藻土的作用是提高纸板的渗透性能，也有一定的吸附能力。有的纸板中常加入一些啤酒稳定剂，如聚乙烯吡咯烷酮（PVPP），在滤酒时，PVPP可以从酒中吸附一部分多酚物质，以提高啤酒的非生物稳定性。

图5－2　纸板过滤机

纤维和硅藻土两者的比例对纸板的过滤性能起着决定性的作用；对于由木材纤维加工而成的过滤纸板，木材纤维的结构也起着重要的作用。

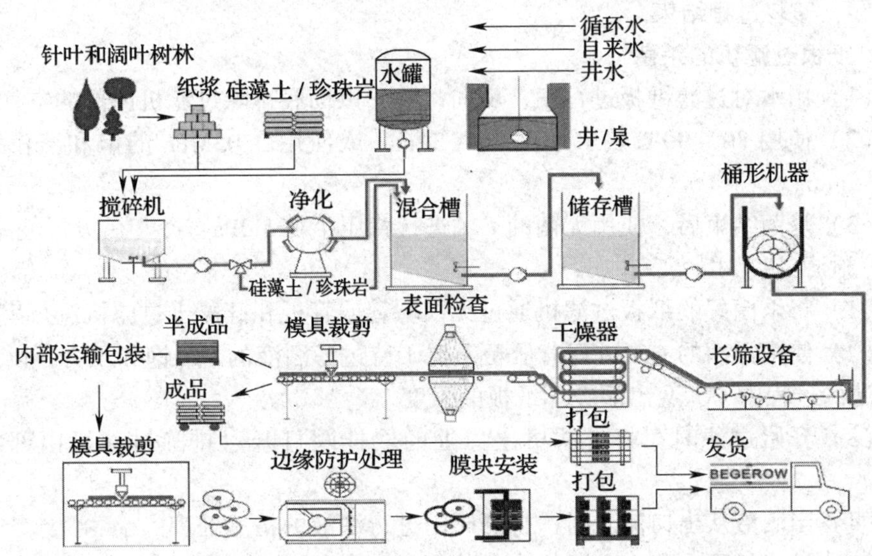

图5－3　纸板的加工过程

根据过滤精度和过滤量以及使用目的的不同，可以将过滤纸板分为：粗过滤纸板、澄清过滤纸板、精细过滤纸板、无菌过滤纸板。

一般来说，过滤纸板的过滤精度越高，其过滤量就越低。为了提高其过滤能力，应在精滤前先进行硅藻土粗过滤，去除啤酒中较大的颗粒物质和酵母；这样，纸板过滤机就可以达到很好的精滤效果。过滤纸板的寿命一般为100hL/m^{2}左右，视粗滤效果如何而变动；如果在纸板上面预涂一层硅藻土，则可以延长其使用寿命。

二、纸板过滤机的操作过程

（一）安装过滤纸板

（1）根据过滤目的和设备参数，选择符合工作要求的过滤纸板并检查纸板有无破损。

（2）用水将过滤纸板彻底打湿，让其吸水膨胀、排气。

（3）将过滤纸板的粗糙面对着进酒板、光滑面对着出酒板，然后按照“粗对粗、细对细”的顺序进行过滤纸板的安装。

（4）打开液压张紧装置，将滤板和过滤纸板压紧。

（5）压紧后，过滤机进水带压（约0.1MPa）试漏，检查其密封性能；若没有问题，安装过程结束。

（二）纸板过滤机的杀菌

（1）用水对过滤纸板进行正、反向冲洗，以彻底排除过滤机内部的空气。

（2）使用80～90℃热水杀菌25～30min或使用0.05MPa的饱和蒸汽杀菌10～15min。

（3）杀菌结束后，使用无菌的CO_2进行背压至0.1MPa，冷却后方可使用。

（三）过滤

（1）将杀菌好的纸板过滤机通过无菌软管或管板和硅藻土过滤机进行串联。

（2）使用无菌的CO_2进行背压至不低于待过滤酒液的CO_2饱和压力，以避免在过滤的过程中CO_2逸出而破坏纸板的强度。

（3）开始过滤时，将过滤机出口处的取样阀打开以排除过滤机内部的冷凝水。

（4）当酒液从出口流出时，打开阀门进行酒液的精滤处理。

（5）过滤过程中阻力不断增大，当过滤结束时，过滤机进出口的压差应不超过0.15MPa。

（四）过滤后的清洗和再生

（1）过滤结束后，使用无菌水将过滤机内残留的酒液顶出，注意回收利用。

（2）使用50～60℃的热水进行反向冲洗，直至没有泡沫为止。

（3）过滤纸板经过再生后可以循环使用。再生时，先使用冷水洗涤约5min，再用45℃左右的温水洗涤约5min，最后用70～80℃、压力为0.05～0.1MPa的热水浸泡约10min。

三、复式过滤机

小型啤酒厂常常使用复式过滤机（图5－4），即板框式硅藻土过滤机和纸板过滤机通过一个反向板而组合安装在一起。复式过滤机分为粗滤和精滤两个区域，粗滤区域由滤板、支撑纸板和滤框组成，精滤区域由滤板、过滤纸板和滤板组成；工作时，待过滤的酒液首先进入粗滤区域进行粗过滤，然后通过反向板转入精滤区域进行精滤。

（1）复式过滤机外观

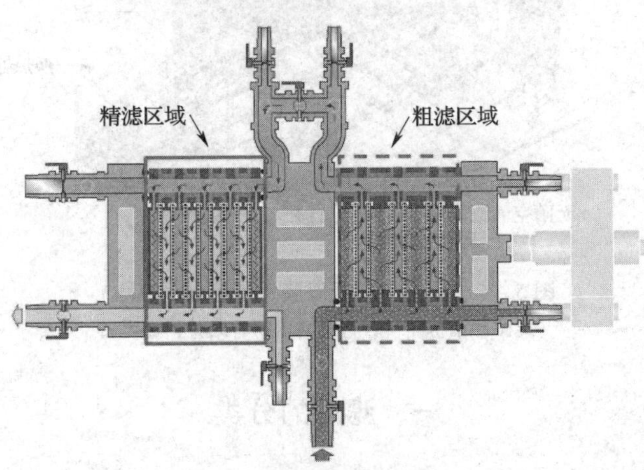

（2）复式过滤机剖视图

图5－4　复式过滤机

四、纸板过滤机的优缺点

（一）优点

（1）具有筛分、深度和吸附三重效应，过滤精度高。

（2）操作简单。

（二）缺点

（1）过滤纸板不可任意再生，需要定期更换，生产成本较高。

（2）设备占地面积大，劳动强度大。

(3) 过滤纸板需要采用热水或蒸汽杀菌并重新冷却，能源消耗较大。

(4) 当酒液中固体物浓度和微生物菌数较高时，过滤效果不理想。

第三节 膜过滤机

现今，膜过滤机越来越多地被用于除菌过滤和无菌过滤。啤酒流过细小孔径的滤膜，啤酒中绝大多数的微生物和浑浊物质被截留下来，从而使啤酒达到无菌状态。这种采用过滤来除菌的方法（图5－5）被广泛地应用于纯生啤酒的生产，它既提高了啤酒的生物稳定性，又保持了啤酒原有的新鲜口感。

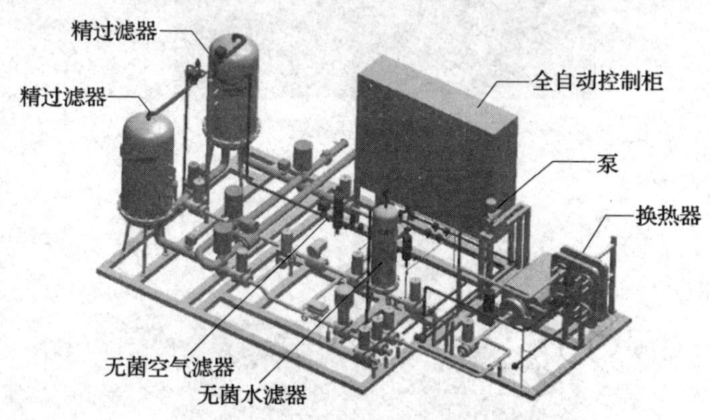

图5－5 纯生啤酒低温膜过滤系统（BFS）

（此图片由杭州科百特过滤器材有限公司提供）

一、滤芯的分类

根据滤芯的材质和工作原理的不同，可以将滤芯分为薄膜滤芯和深层滤芯（图2－9）。

（一）薄膜滤芯

1. 材质

应用于薄膜滤芯的材质很多，有亲水性的尼龙66薄膜、疏水性的聚四氟乙烯薄膜、纯聚丙烯薄膜、亲水性的聚偏二氟乙烯薄膜、纤维质薄膜、陶瓷薄膜以及玻璃纤维薄膜等，可制成各种大小的孔径规格，供不同工业的不同用途使用。具体用于啤酒工业的多为尼龙66、聚偏二氟乙烯、陶瓷、聚丙烯和纤维质薄膜。经加工而成的薄膜滤芯（图5－6）中有多个过滤层，过滤层的结构由外向里越来越密，形成多个截留层以及较大的过滤面积；某些薄膜滤芯的过滤层或主过滤层采用褶皱方式，这样既可以增大过滤面积，又可以改善过滤效果。

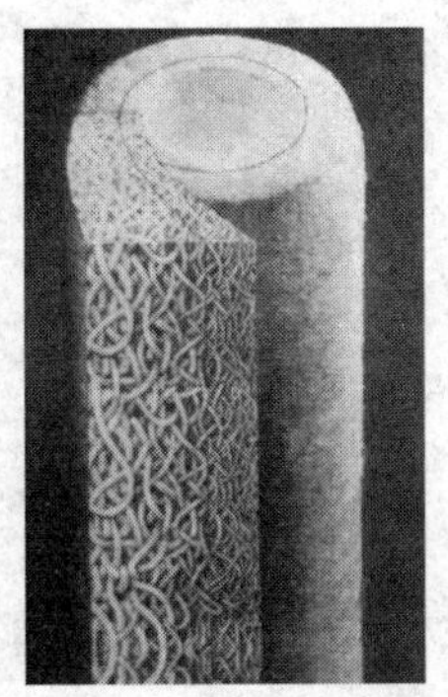

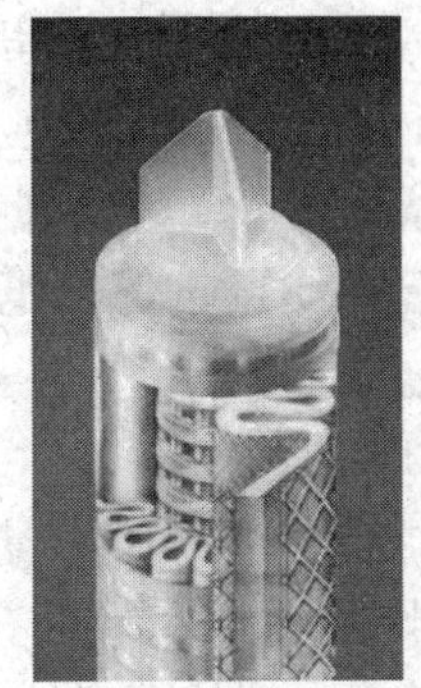

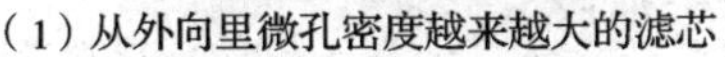

（1）从外向里微孔密度越来越大的滤芯　（2）带褶皱过滤面积增大的滤芯

图 5－6　薄膜滤芯

（以上图片由 Pall 公司提供）

如图 5－7 所示的大面积滤芯的直径可达 26.5cm，其过滤面积约为 36m^2，相当于 20 根普通滤芯，具有极高的经济价值；其结构特点是双道折叠，每道过滤层又有多层过滤介质，起到了双级过滤效果，滤芯压差小、流量大、寿命长。

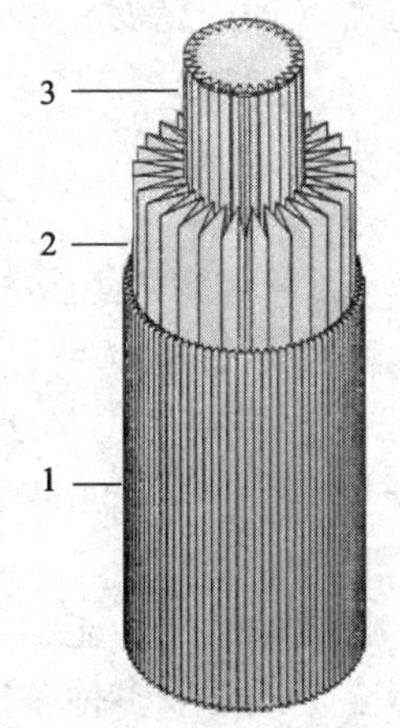

图 5－7　大面积滤芯

1—用玻璃纤维制作的外层褶皱过滤层　2—深度过滤和膜过滤的联合　3—里层褶皱过滤层、膜孔径 0.65μm

2. 工作原理

薄膜滤芯过滤是两相空间操作，过滤只需穿过一个膜平面，就能像筛子一样筛除直径比膜孔径大的微粒。此类滤芯的孔径自上而下都是均一的，其滤除效率可以达到接近绝对级过滤（>99.99%）。某些滤芯经过特殊处理，还可加工成带正电的滤膜，增强了对污染微生物的吸附作用，使过滤效果更趋完善。

孔径为 1.2μm 的薄膜能滤除酵母菌，而很多细菌则需要使用孔径为 0.6～0.8μm 的薄膜，甚至孔径更小的薄膜将其滤除。薄膜过滤在过滤初期，压差较低，而后孔径受阻，压差上升很快，流速降低。因此，此类滤芯适合作无菌过滤的终端过滤。

（二）深层滤芯

1. 材质

制作深层滤芯（图 5－8）多用纤维质滤材，由木质纤维、硅藻土（或珍珠岩）以及密胺树脂（化学名称三聚氰胺甲醛树脂，英文名称 melamine，中文译名美尔耐）固着成型，经特殊处理后可使之带正电，便于捕捉细菌和胶体物质等。此类滤芯根据选用纤维的粗细和成型时间的长短，可以加工成孔径从 0.1～10μm 的多种规格系列供使用。

深层过滤具备机械过滤和静电吸附双重作用，其吸附效率随滤液的流速、pH、浓度、杂质大小和负荷量而变化，应根据使用条件及灭菌操作的要求选择使用，深层滤芯既可用作粗滤，又可用作精滤。

2. 工作原理

图5-8　深层滤芯剖面图

在采用深层滤芯进行膜过滤时，杂质颗粒不仅仅受阻于滤材表面，而且还被捕捉于滤材的深层之中。因此，其杂质捕捉量远大于薄膜滤芯，其寿命也较薄膜滤芯长。深层滤芯过滤时压差上升较慢，流速也可以维持较长时间不变，因此适用于无菌过滤系统中的预过滤（即，精滤）。

二、无菌过滤的生产流程

（一）无菌过滤的组合方式

啤酒经过粗滤后，每100mL的酒液中的酵母数应低于100个，精滤以后应基本为零且微生物去除率应达50%以上；最后一道过滤，采用薄膜滤芯过滤或深层滤芯过滤，均应达到酵母数为零，微生物去除率达99.99%以上。

根据滤芯的性能和啤酒过滤的要求，适合纯生啤酒过滤的低温无菌过滤系统的组合形式可以多种多样，具体见表5-1。

表5-1　纯生啤酒低温无菌过滤系统组合方式

组合方式	粗滤	精滤	无菌过滤
1	硅藻土过滤	纸板过滤	薄膜滤芯过滤
2	硅藻土过滤	深层滤芯过滤	薄膜滤芯过滤
3	硅藻土过滤	深层滤芯过滤	深层滤芯过滤

（二）无菌过滤的操作过程

1. 滤芯的安装

各种滤芯均安装于规格与之相适应的立式密封滤筒内（图5-9）。此滤筒以316不锈钢为材质制作，筒的内外均经过电子抛光等处理。通过以上处理，可以达到：卫生级设计要求；无死角；滤液流通顺畅；密封严密，耐压，能承受过滤的流速和压力；耐蒸汽和热水杀菌；容易装卸。

根据啤酒产量决定滤芯的安装数量，可以一筒一芯或一筒多芯。

图 5－9　安装好滤芯的膜过滤器
（此图片由 Pall 公司提供）

2. 无菌过滤的操作及杀菌

（1）滤芯组装完毕后，先用已经过孔径为 0.45μm 的薄膜过滤的无菌水对过滤系统进行冲洗 20min，以防滤孔堵塞。

（2）冲洗后，使用无菌的 CO_2 顶出过滤系统中的水，进行完整性测试，如有破漏，需重新组装。

（3）使用无菌的 CO_2 对滤筒进行背压处理，压力应不低于待过滤酒液的二氧化碳饱和压力。

（4）引入啤酒，开始过滤，过滤过程中要注意进出口压差的变化。

（5）过滤结束后，使用无菌的 CO_2 顶出酒尾。

（6）顶酒结束后，使用温度为 65℃ 的热水冲洗过滤系统 10～15min，以彻底冲出系统内的泡沫。

（7）使用温度为 85～90℃ 的热水或低压饱和蒸汽对过滤系统进行杀菌，杀菌时间为 15～20min。

（8）杀菌后，使用无菌水对过滤系统进行冷却，使温度降低，以便进行完整性测试。

（9）排净系统内的水，开始对滤芯进行完整性测试，确定是否可以继续使用。

（10）若没有问题，使用无菌的 CO_2 排气并背压备用。

所有以上操作过程均需符合过滤滤芯的规定要求，包括正确掌握清洗、杀菌各项温度；清洗用水和二氧化碳在使用之前均需进行无菌处理。膜过滤过程可以手动控制，也可以自动控制，从而保证了生产过程的安全性和连续性。

第四节　错流过滤器

目前，几乎全世界的啤酒一直都在使用硅藻土作为过滤介质进行粗过滤，其消耗量为1.3～1.4kg/kL啤酒。若生产1000万kL啤酒，则将消耗13000～14000t硅藻土，并将产生大量的废土有待处理。随着世界啤酒产量的日益增长，硅藻土资源的日益枯竭，啤酒酿造界将不得不考虑另寻其他助滤剂或不使用助滤剂的滤酒方法。错流过滤技术就是在这种背景下，于20世纪90年代开始尽心研制和开发的。它的成功之处在于使啤酒过滤不再依靠助滤剂，可以使整个啤酒过滤一次完成，不必再从酵母液中回收啤酒，而且可以使滤过的啤酒达到无菌状态，不需巴氏灭菌。

由于此项技术还存在着容易产生积垢堵塞薄膜滤孔以及生产费用昂贵等问题有待解决，所以还只限用于酵母啤酒的回收，啤酒过滤应用已进行到中、小型规模试验。随着技术的不断优化，错流过滤技术也将扩展到麦汁过滤和热凝固物回收处理等领域。

一、错流过滤的原理

传统的过滤技术是静态的，在过滤过程中，由于滤液中的固形物不断沉积，滤层厚度越来越厚，过滤压差越来越大，以致最后压差增大至无法过滤。错流过滤是动态的，滤液以切线方向流经滤膜，未滤液和已滤液的流向是垂直的。由于未滤液以高速流动而形成的湍流产生的摩擦力，可以将附在滤膜上的少量沉积物带走，不致堵塞滤孔；此未滤液经过不断回流（图5－10），未滤液中的固形物浓度不断增高，最后达到固、液分离。由于靠近器壁流体的拖拉作用，流速减慢，在实践中仍会有薄的沉积物形成在薄膜的表面上，沉积物数量的多少与过滤物质的黏度及错流速度有关，利用定期的反向冲洗，就可解决这一问题而不致堵塞滤孔。

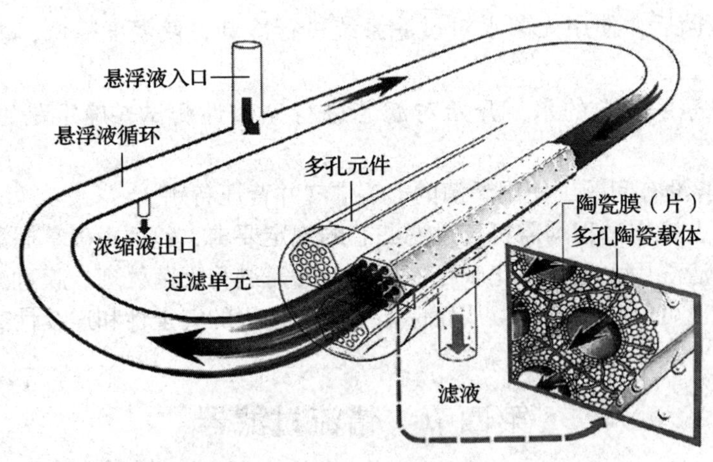

图5－10　错流过滤循环示意图

二、错流过滤的滤膜材质与滤柱结构

（一）滤膜材质

目前，错流过滤倾向于采用陶瓷滤膜，其微孔直径为0.45～1.3μm，可根据需要进行选择；陶瓷滤膜是以α－氧化铝（Al_2O_3）为材质加工而成的，具有以下特点：机械强度高，经久耐用；耐酸、碱等化学物品的腐蚀；耐高温，可用热水或蒸汽杀菌；耐压力突变，易于反向冲洗。

（二）滤柱结构

错流过滤的主体设备是陶瓷滤柱（图5－11），它主要作为滤膜的支撑载体，其横截面为六角形，沿其轴向排列19个直径为6mm的孔道（孔道多少和直径大小可根据需要选择），孔道长度为850mm，由多孔陶瓷载体支撑。

（1）陶瓷滤柱

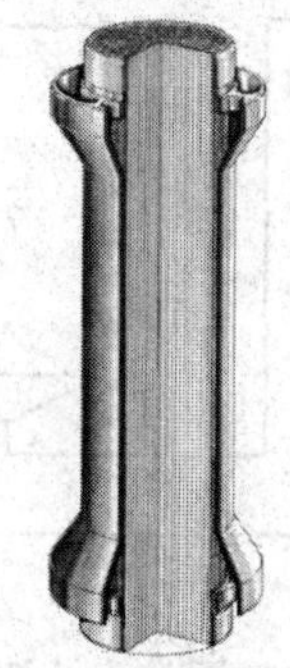
（2）安装好陶瓷滤柱的组件剖视图

（3）安装好陶瓷滤柱的组件横截面

图5－11　陶瓷滤柱

孔道的直径与滤液的流速和压降有关，而压降又与滤液黏度有关，高的压降，降低流速，又会造成滤孔积垢增加，过滤滤液减少。因此，为了降低滤液的黏度，酵母液浓度应控制在10%～12%为宜；孔道直径应选用6mm或6mm以上为宜，过小的孔道直径会降低湍流的效果，增大压降，造成积垢的堆积。

柱体一般分为多段，进行逐段分离，分离后的固形物可达16%～20%。错流过滤的全部运行过程均由电脑程序控制，可以自动排除故障，做到安全生产。

三、错流过滤在回收酵母液中啤酒的应用

啤酒过滤后，发酵罐中残留的酵母液占啤酒总量的1%～2%。酵母液中大部分为啤酒，固形物（酵母及蛋白质沉淀）仅占10%～12%。过去，常采用酵

母压榨机或离心机从酵母液中回收啤酒，所回收酒液的质量很差，不宜饮用；若弃之不用，则会增加污水处理的负担。随着错流过滤技术的出现以及应用，则可将这部分酒液保质保量地从酵母液中回收回来，将其少量掺入正常酒内出售，并不影响质量。此回收技术在国外啤酒厂早已采用，国内有的啤酒厂也引进了此项技术并取得了良好的效果。

（一）使用错流过滤从酵母液中回收啤酒的工艺流程及操作要点

1. 工艺流程

如图 5－12 中所示，从发酵罐中回收的酵母液被泵入酵母液暂存罐，通过供料泵进入错流过滤系统，同时开启浓缩液回流泵，边供料、边过滤、边回流；从酵母液中过滤出的酒液被压入滤液罐，在在线测量装置和微机的控制下，浓缩液则被泵入浓缩液罐。

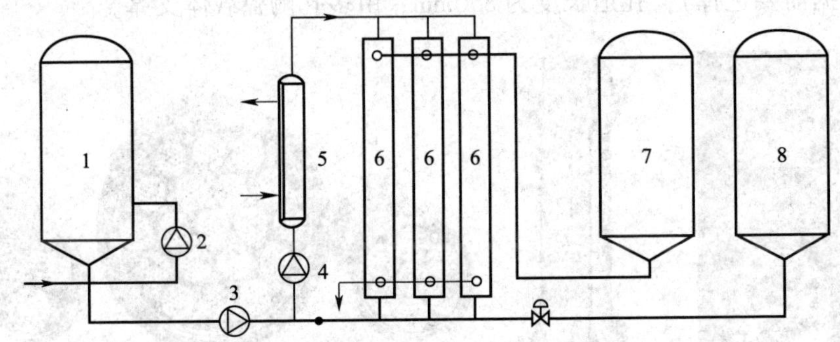

图 5－12　错流过滤回收酵母液中啤酒的工艺流程图

1—酵母液暂存罐　2—酵母泵　3—供料泵　4—浓缩液回流泵

5—浓缩液循环冷却装置　6—错流过滤的陶瓷滤柱　7—滤液罐　8—浓缩液罐

2. 操作要点

（1）用酵母泵将酵母液送入酵母液暂存罐，并回流约 30min，使其混合均匀。

（2）开启供料泵将酵母液送入错流过滤系统，并通过循环冷却装置控制酵母液的温度，使其达到与流速相适应的最佳黏度。

（3）通过浓缩液回流泵完成酵母液在陶瓷滤柱内的循环，并保证酵母液通过滤柱的流速达到理想的流速，即，3～5m/s。

（4）陶瓷滤柱每段都有节流阀，自动调节开启大小，以保证流出酒液稳定及滤柱内的压力稳定。

（5）待流量达到预期值、各段滤柱压力及流量稳定时，开始正常过滤；回收的啤酒和浓缩的酵母分别被泵入滤液罐和浓缩液罐。

（6）废酵母泵及酵母排出阀，由压力控制，当排出口压力达到 0.2MPa 时，排出阀和泵自动开启，排出浓缩液，然后自动关闭，整个过滤系统处在一个稳定的压力状态下。

（7）每次过滤完毕后，由微机控制系统自行进行清洗。

（二）回收系统的自动清洗和杀菌

回收系统的自动清洗和杀菌程序分为常规处理程序和周期处理程序（表5-2）。每次过滤以前和过滤以后都需要执行常规处理程序，回收系统使用1周后需要执行周期处理程序，以保证整个回收系统的无菌要求。

表5-2 回收系统的自动清洗和杀菌程序

步骤	常规处理程序			周期处理程序		
	项目	时间/min	要求	项目	时间/min	要求
1	水洗	10	—	水洗	10	—
2	反向水冲洗	10	—	反向水冲洗	10	—
3	热水冲洗	20	温度逐步升高至85℃	热水冲洗	20	温度逐步升高至85℃
4	杀菌	20	85℃热水	热碱清洗	20	温度为85℃，浓度为3%
5	降温	10	使用低温无菌水	热碱反向清洗	20	温度为85℃，浓度为3%
6	排空	—	使用无菌 CO_2	水洗	10	正、反向冲洗
7				酸洗	20	浓度为1%的常温硝酸溶液
8				水洗	10	正、反向冲洗
9				杀菌	20	85℃热水
10				降温	10	使用低温无菌水
11				排空	—	使用无菌 CO_2

复习思考题

1. 啤酒粗过滤以后，有哪些过滤可能性？
2. 过滤纸板可以分为哪些类型？
3. 描述纸板过滤机的过滤纸板安装过程。
4. 什么是“复式过滤机”？
5. 膜过滤的滤芯分为哪些类型？
6. 适用于纯生啤酒过滤的低温无菌过滤形式有哪些？
7. 错流过滤的工作原理是什么？
8. 错流过滤技术的最大优势是什么？
9. 列举使用错流过滤回收酵母液中啤酒的操作要点。

第六章 啤酒的稳定性处理及高浓稀释工艺

知识目标

1. 理解并掌握啤酒的稳定性分类；
2. 理解并掌握啤酒的生物稳定性处理方法或措施；
3. 理解并掌握啤酒的非生物稳定性处理方法或措施；
4. 理解并掌握啤酒的口味稳定性处理方法或措施；
5. 理解并掌握高浓稀释工艺的流程；
6. 了解高浓稀释用水的要求及处理方法。

技能目标

1. 能根据生产要求使用各种稳定剂；
2. 能进行“稀释率”或“稀释比例”的计算。

消费者在选购啤酒时，都会不自主地拿起啤酒看看有没有出现浑浊或沉淀，因为这是一个无需借助于任何辅助工具就能非常容易检查的一个指标。啤酒的明显浑浊会被消费者认为是严重的质量缺陷，这一缺陷会损害产品的品牌形象并导致失去顾客。因此，我们应尽量使啤酒在商标上所标注的保质期内保持质量稳定，也就是说啤酒必须具备较高的稳定性（表6－1和图6－1）。

表6－1　啤酒的稳定性一览表

稳定性	说　明
生物稳定性	由于微生物的因素导致的啤酒稳定性问题
非生物稳定性	由于非微生物的因素——胶体物质导致的啤酒稳定性问题，也称“胶体稳定性”

续表

稳定性	说　明
口味稳定性	由于老化物质的产生所导致的啤酒稳定性问题
泡沫稳定性	理想的啤酒泡沫应在整个保质期内保持稳定
光照稳定性	由于光照的因素导致的啤酒风味和质量稳定问题
喷涌稳定性	由于重金属离子和其他物质导致的酒体不稳定问题
色泽稳定性	由于其他因素导致的啤酒色泽改变问题

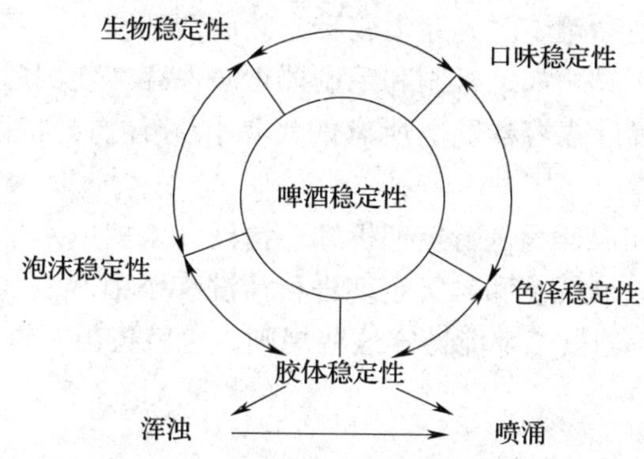

图 6－1　啤酒的各种稳定性循环图

为了提高啤酒的稳定性，主要有两种方法，即，啤酒的生物稳定性处理和啤酒的非生物稳定性（胶体稳定性）处理。

除此以外，我们也必须尽力保证啤酒的口味长期稳定。

第一节　啤酒生物稳定性的处理

麦汁煮沸过程结束以后，麦汁是无菌的。啤酒有害微生物只会由于不洁净的工作方式而进入啤酒中。它们在啤酒里利用营养物质进行繁殖并产生可导致啤酒完全不能饮用的代谢产物，而使啤酒腐败、变质。如果在生产过程中不注意或不认真操作，那么在很短的时间内就会出现啤酒浑浊及对口味的不利影响。所以，对于啤酒厂甚至是食品行业来讲，在任何时间和地点都适用的一句话就是：“在任何生产环节或工作岗位，彻底清洁是首要任务！”

一、影响啤酒生物稳定性的因素

以下因素会影响啤酒的生物稳定性：不清洁的工作方式；清洗杀菌工作不彻底；啤酒过滤设备超负荷运行；工艺控制出现问题，导致发酵不彻底；生产过程中吸氧严重。

从以上影响因素可以看出，工作时的卫生状况影响最大，因此必须要有固定的工作规则。由于微生物会从工作人员自身以及其他人的衣服进入啤酒里，或者由于工作人员工作马虎，清洁不彻底而未将有害微生物除去。为了避免微生物进入啤酒，工作人员或操作工应注意以下几点：

（1）严格遵守企业内部制订的清洗和杀菌规则。

（2）定期检查清洗剂及杀菌剂的效果，杜绝一切可能的污染源。

（3）遵守个人卫生规章制度，搞好个人卫生，长期穿干净的工作服。

（4）清洗发酵池和罐子时先穿上胶鞋，然后清洗。

（5）一些清洗工具，如地板刷和毛刷要干净保存，使用后要使其保持清洁。

（6）清洗时，要除去容器壁上所有的污垢和附着物，特别是缝隙和凹槽内的赃物。

（7）对旋塞阀和取样阀进行定期拆卸、清洗和杀菌以及采用硅油润滑。

（8）对所有的玻璃视镜和软管定期进行清洗和杀菌。

如果所有啤酒厂的员工都能遵守这些规则，也就迈出了提高啤酒生物稳定性的关键一步。

二、提高啤酒生物稳定性的方法或措施

要提高啤酒的生物稳定性，延长啤酒的保质期，必须将啤酒中可能存在的或污染的微生物除去。对此，可以采取以下措施：巴氏杀菌；瞬时杀菌；啤酒热灌装；啤酒的低温无菌过滤和灌装。

（一）巴氏杀菌

1. 定义

巴氏杀菌是指通过加热杀死水溶液中的微生物。巴氏杀菌的概念源于此方法的发明者——路易·巴斯德，他认为微生物的生长繁殖都是在一定的温度范围内，通过加热可以使微生物细胞内的蛋白质变性凝固，而使微生物被杀死，从而保证水溶液的生物稳定性。

2. 巴氏杀菌单位（德语缩写为 PE，英语缩写为 PU）

一个巴氏杀菌单位是指在 60℃下保持 1min 所达到的杀菌效果。巴氏杀菌单位主要取决于杀菌温度和停留时间，可以通过公式进行计算。公式如下：

$$PU = t \times 1.393^{(T-60)}$$

式中　t——杀菌时间，min

T——杀菌温度，℃

啤酒的巴氏杀菌单位要求在 14 ~ 15PU。使用的巴氏杀菌单位越小，啤酒的口感就越好、营养价值就越高，但是也越临近微生物仍然存活的界限。啤酒中常

见的微生物生长和死灭温度见表6-2。

表6-2 啤酒中常见的微生物生长和死灭温度

微生物名称	生长温度/℃			死灭条件	
	最低生长温度	最适生长温度	最高生长温度	死灭温度/℃	死灭时间/min
啤酒酵母	2	25~30	37	52~54	5~10
异类酵母	0.5	25~32	39~40	52~57	10
乳酸菌	5	35~40	55	58	10
醋酸菌	4~10	28~37	33~45	55	10
大肠杆菌	5~10	30~40	45~55	55	10
巨球菌	4~6	25	40~45	55	10
野生酵母孢子	—	—	—	56	10
青霉菌	-5~1.5	25~27	31~36	120	5

3. 隧道式巴氏杀菌

为了保证产品的绝对安全，瓶装啤酒和听装啤酒应在隧道式巴氏杀菌机里进行杀菌。由于巴氏杀菌过程持续一个多小时，因此与其他设备相比，巴氏杀菌机在灌装车间内占地面积往往很大；同时，这种设备投资比较大，能耗比较高，能耗最大可达14~24MJ/hL，相当于70~120MJ/1000瓶（每瓶净容积为500mL）。

在巴氏杀菌过程中，啤酒通过喷淋被逐级阶段性加热至杀菌温度。加热时的热交换是通过传热差的玻璃表面进行，瓶子的外部先被加热，此时瓶内啤酒还处于低温状态。只要未将瓶内最冷部分——冷核的温度升起来，加热过程就不能宣告结束。冷核位于瓶底中部向上1.5cm处，所以检查巴氏杀菌温度必须要在这个位置进行。随着啤酒温度的不断升高，啤酒开始受热膨胀，啤酒膨胀使充满CO_2的瓶颈空间变小，瓶内压力升高，为了避免因过压而导致爆瓶，瓶颈空容不得低于瓶子容积的4%。瓶装或听装啤酒在隧道式巴氏杀菌机里加热到巴氏杀菌温度后，停留一段时间后再进行逐级冷却，完成杀菌过程。

如今，瓶装啤酒、麦芽啤酒、麦芽饮料和无醇啤酒的巴氏杀菌多使用隧道式巴氏杀菌机。

（二）瞬时杀菌

从巴氏杀菌单位的计算公式不难看出，若将杀菌温度稍加升高，杀灭微生物所需的时间则成指数缩短。即啤酒如果在较高温度下短时间休止，那么啤酒中的微生物很快就会被杀死。这种杀菌方法温度高、耗时短，因此被称为“瞬时杀菌（KZE）”，也被称为“高温瞬时杀菌（HKE）”。瞬时杀菌时，啤酒在板式换热器中被加热至68~72℃，保温大约50s，紧接着被冷却至原来的温度。

1. 瞬时杀菌设备

通常情况下，要实现啤酒的快速加热和快速冷却只能借助于能进行强烈热交换的板式换热器。以板式换热器为主体，加上附属管路和装置就构成了瞬时杀菌设备（图6－2）。

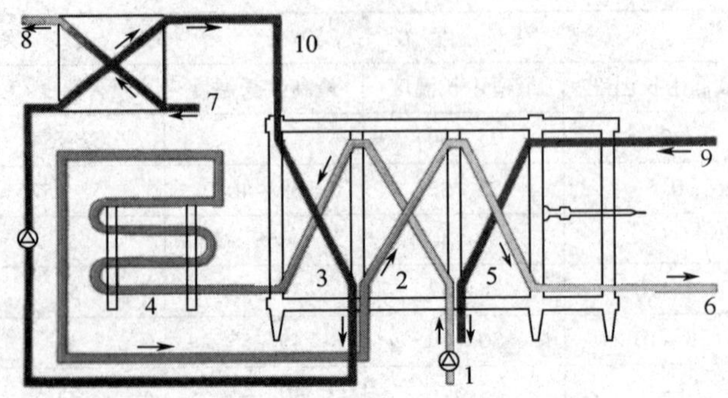

图6－2　瞬时杀菌设备（KZE）

1—冷啤酒进口　2—预热流入的啤酒/冷却加热后的啤酒　3—升至巴氏杀菌温度的加热段　4—保温段　5—降至灌装温度的冷却段　6—巴氏杀菌后啤酒出口　7—蒸汽进口　8—冷凝水出口　9—冷媒进口　10—热水循环管路

在瞬时杀菌设备中，冷啤酒进入第一个区域2因热交换而被预热，然后进入第二个区域3被一定温度的热水10加热到巴氏杀菌温度，然后在保温段4保持规定的时间，最后啤酒在低温热交换区2和5又被冷却至灌装温度。现在越来越多地采用流入的啤酒对热处理后的啤酒进行冷却的方式，通过将两区扩大，流入温度为0℃的冷啤酒可将杀菌后的啤酒冷却至3～4℃，丝毫不影响灌装。

瞬时杀菌整个过程持续约2min，几乎不会对啤酒质量产生不利影响。通过合理的管路设计，能量回收率可达96%。这种方法具有很多优点，因而得以成功地推广。

2．瞬时杀菌的温度和时间

啤酒杀菌时，所必需的巴氏杀菌单位主要取决于啤酒的污染程度。污染越严重，所需的PU值就越大。图6－3所示为杀灭不同微生物所必需的巴氏杀菌单位。

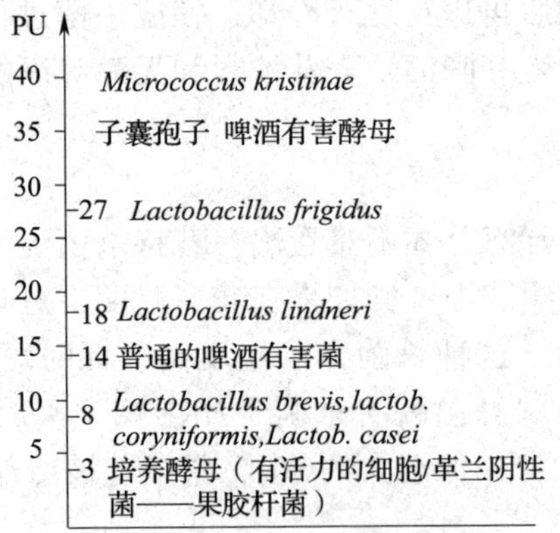

图6－3　杀灭不同微生物所必需的巴氏杀菌单位

若选择 15PU 作为例子，则与杀菌温度相应的杀菌时间分别为：

64℃为 15 ÷3. 77 =3. 98min

66℃为 15 ÷7. 31 =2. 05min

68℃为 15 ÷14. 18 =1. 06min =64s

70℃为 15 ÷27. 51 =0. 545min =33s

72℃为 15 ÷53. 38 =0. 28min =17s

从以上数据可以看出，高温意味着短的热停留时间，但杀菌温度必须认真监督和准确控制，以免损害啤酒质量。根据现在的观点，50% 的污染会作为二次污染在灌装过程中进入啤酒中，因此高温瞬时杀菌单独应用也不能确保啤酒的生物稳定性。尽管如此，高温瞬时杀菌仍然是保证瓶装和桶装啤酒稳定性最常用的方法。

3．瞬时杀菌对啤酒质量的影响

高温瞬时杀菌时的高温会极大地损害啤酒口味的观点并不准确。大量研究和事实表明，高温停留时间的长短影响更为关键，除此以外，啤酒的组成也十分重要，尤其是啤酒的溶解氧含量。

巴氏杀菌单位是高温瞬时杀菌的杀菌作用尺度，无法反映出对啤酒质量可能产生的影响。

（三）啤酒热灌装

将啤酒加热到一定温度后再进行灌装，可在很大程度上避免啤酒后期出现污染。由于灌装时啤酒的温度较高，为了避免 CO_2 逸出和保证灌装的稳定性，灌装压力需控制在 0. 8 ~1. 0MPa。这种方法的优点是清洗后的啤酒瓶无需再冷却，但啤酒热灌装也有很多缺点，如，长时间的高温会增加啤酒的热负荷，影响啤酒质量；灌装压力过高，爆瓶率大幅度提高；能源消耗大。

目前，啤酒灌装不再使用这种方法。

（四）啤酒的低温无菌过滤和灌装

隧道式巴氏杀菌和高温瞬时杀菌是久经考验的保证啤酒生物稳定性的方法。但是，即使是对啤酒小心进行热处理，哪怕是采用瞬时杀菌，多多少少也会导致啤酒成分发生改变，从而影响啤酒质量。所以，现在人们一直努力尝试采用冷处理的方法来去除微生物，对此可以使用纸板过滤和膜过滤。我们知道，通过选择合适的滤芯，能够对啤酒进行精滤和无菌过滤处理。

啤酒低温无菌过滤的方法很多，通常情况下，人们在硅藻土过滤后再连接三台或四台过滤精度越来越高、过滤流量越来越小的膜过滤机，就可以实现啤酒的除菌过滤。硅藻土过滤机后的过滤系统按顺序依次为：过滤孔径约为 5μm 的澄清过滤机、过滤孔径约为 1μm 的精滤机和过滤孔径约为 0. 45μm 的无菌过滤机。图 6 –4 展示了啤酒厂中常见的低温无菌过滤系统。

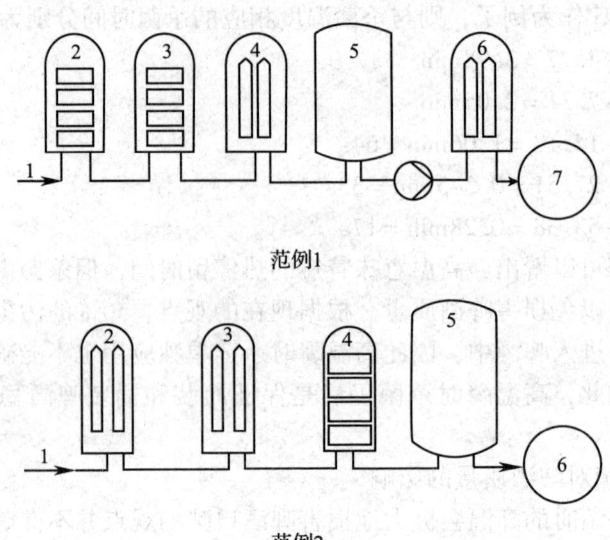

图 6－4　低温无菌过滤系统

范例 1

1—硅藻土过滤后的啤酒　2—孔径为 10μm 的澄清过滤机　3—孔径为 5μm 的澄清过滤机　4—孔径为 1μm 的精滤机　5—缓冲罐　6—孔径为 0.45μm 的无菌过滤机　7—灌装机

范例 2

1—硅藻土过滤后的啤酒　2—孔径为 5μm 的澄清过滤机　3—孔径为 1μm 的精滤机　4—孔径为 0.45μm 的无菌过滤机　5—缓冲罐　6—灌装机

低温无菌过滤后，再使用冷无菌灌装几乎能达到和高温瞬时杀菌同样的生物稳定性效果。不过重要的是，灌装设备也应满足所有冷无菌灌装的要求。由于低温无菌过滤和灌装避免了热处理对啤酒风味的影响而成为今天的趋势，由这种方法生产出来的啤酒既具备了较高的生物稳定性，又具有很好的口感，这就是“纯生啤酒”。

第二节　啤酒非生物稳定性的处理

尽管啤酒经过了热处理或低温无菌过滤处理，不再出现生物浑浊。但是，随着时间的推移，啤酒仍会出现浑浊，这种浑浊绝大多数是由溶解在啤酒中的胶体物质所引起的。

一、胶体浑浊的形成机理

【试验】将一瓶啤酒在冰水里放置一段时间后，可以观察到啤酒有轻微的浑浊失光；升温到60℃后，发现浑浊消失。重复几次以上的试验，最后发现出现的浑浊经加热后不再消失。通常情况下的啤酒一般不会如此处理。这一强化试验可用来说明两种类型的胶体浑浊，即冷浑浊和永久浑浊。

（一）冷浑浊

冷浑浊是指啤酒遇冷时出现浑浊，但温度超过20℃后又消失的胶体浑浊。冷浑浊随着时间的延长可转变成不可消失的永久浑浊。由于冷浑浊是永久浑浊的前驱体，所以它对酿造工作者来讲具有重要的意义。

啤酒冷浑浊是由高分子蛋白质分解产物和少量与碳水化合物及无机物，特别是与重金属盐类结合在一起的高聚合度的多酚物质（主要是花色苷）形成的一种不稳定复合物，这种不稳定的复合物升温后会重新溶解。可以这样理解这种浑浊的形成：啤酒中含有的胶体颗粒由于分子间的布朗运动而相互碰撞，相互之间不断形成氢键。随着时间的延长，越来越多、越来越大的分子连接在一起，直到最后形成可见的浑浊物。

加快浑浊形成的因素主要有：高温、啤酒的氧化、重金属盐类物质、啤酒的运动、光照。

啤酒的保存温度无疑是影响浑浊形成的主要因素，因为温度的升高会加快蛋白质和多酚物质的反应过程。由此可以得出，巴氏杀菌在避免生物浑浊的同时也会加快胶体浑浊的形成。啤酒的氧化同样对胶体浑浊的形成具有巨大影响，氧化强烈时出现浑浊的速度是正常速度的5倍。重金属盐类物质可强烈加快胶体浑浊的形成，啤酒的运动加快了胶体间的接触，从而导致胶体浑浊迅速产生，光照能加快啤酒氧化，也会导致浑浊的形成。

在所有因素中，氧对胶体稳定性的不利影响特别需要强调。因此，在啤酒生产过程中应尽量避免氧气和啤酒接触。

（二）永久浑浊

随着时间的延长，冷浑浊会在上述因素的影响下向永久浑浊转变（图6-5），因此两种浑浊的组成成分几乎一样。

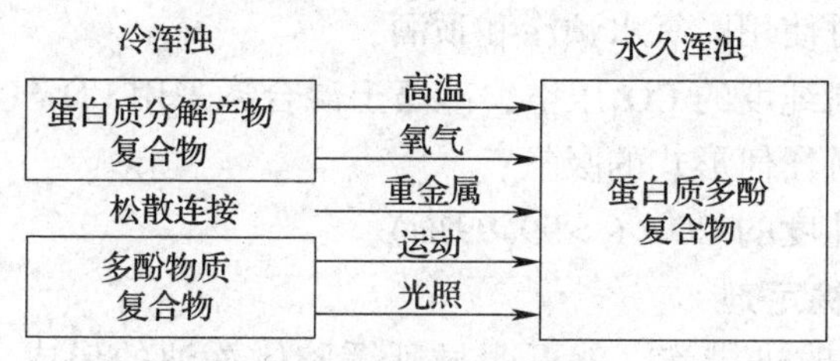

图6-5 胶体浑浊的形成机理

出现永久浑浊的时间波动很大，通常在灌装几个星期后才会出现。啤酒的永久浑浊对保质期要求较长的啤酒具有重要影响，因此采取延缓、减少胶体浑浊出现的措施十分重要。

二、改善啤酒胶体稳定性的方法或措施

从啤酒胶体浑浊的形成机理可以得出，只要除去导致浑浊的所有成分或部分成分，或尽可能排除引起浑浊的相关因素，就可以达到延缓或者不形成胶体浑浊的目的。对此，可以采用以下方法或措施：对啤酒生产工艺进行优化或改进，使用非生物稳定剂。

（一）工艺优化或改进

改善啤酒胶体稳定性在很大程度上可以通过对生产工艺进行优化或改进来实现。具体如下：

（1）选用皮薄、蛋白质含量低（<11%）的大麦。

（2）采用低温发芽工艺，保证胚乳溶解良好。

（3）保证酿造用水的质量，其残余碱度应低于5°d。

（4）麦芽粉碎时尽可能保证麦皮的完整性，采用麦皮分离糖化工艺。

（5）糖化时，蛋白质休止不要过长，糖化要彻底，碘检要正常。

（6）避免过度洗糟，以免产生较多的多酚物质。

（7）在不影响麦汁质量的前提下，加强麦汁煮沸处理以促进蛋白质的析出（麦汁中可凝固性氮的含量应低于20mg/L）。

（8）不要过早添加酒花，以让麦皮多酚物质充分反应。

（9）对打出麦汁进行酸化处理，打出麦汁pH最好在5.1～5.2。

（10）尽可能彻底分离热凝固物和冷凝固物。

（11）麦汁强烈充氧，以达到迅速起发。

（12）啤酒过滤前在0～2℃至少冷储7d以分离冷浑浊颗粒。

（13）避免任何形式的空气进入，包括：

① 避免吸入空气；

② 降低酒体的流动速度，避免形成湍流；

③ 啤酒过滤时使用脱氧水预涂和顶酒；

④ 过滤机用高纯度的CO_2压空，硅藻土混合罐采用CO_2气体保护；

⑤ 避免灌装时任何形式的吸氧；

⑥ 只使用高纯度的CO_2（>99.99%）。

（二）使用非生物稳定剂

只要采用以上改进措施，就可明显延缓胶体浑浊的形成，但不可能完全避免。要得到保存期长的啤酒必须使用稳定剂来对啤酒进行稳定化处理。如今使用较多的稳定剂有硅胶制品和聚乙烯吡咯烷酮聚合物（PVPP），除此以外还可以使用抗氧化剂、酿造单宁、蛋白酶和硅酸溶胶等产品来进行稳定化处理。

1. 硅胶制品

(1) 硅胶的特点和分类　硅胶是一种非晶态多微孔结构的白色固体粉末，化学分子式为 $m\mathrm{SiO_2} \cdot n\mathrm{H_2O}$，具有较强吸附性能，它可以吸附形成浑浊的蛋白质，而不影响泡沫活性物质。硅胶由硫酸和硅酸钠制成，它们聚集在一起形成具有大孔和微孔的制品。孔径太大的硅胶吸附能力差，现在人们选择微孔在 3.0 ~ 3.5μm 的硅胶制品。

硅胶制品的重要标准是颗粒大小比例，其比例越小，在过滤时沉降越快。根据硅胶含水量的高低，可以将硅胶制品分为：湿胶，含水量大于 50%；干胶，含水量为 5%。

(2) 硅胶的使用方法及使用量　啤酒生产过程中，硅胶可以添加在热麦汁、冷麦汁、发酵罐以及过滤阶段，均可除掉浑浊成分，提高产品的胶体稳定性。啤酒厂通常是在啤酒过滤前后进行添加，添加方式主要有三种：

① 与硅藻土混合添加：一般选择湿胶，将其和硅藻土混合后一同加入过滤机的硅藻土混合罐中进行预涂和连续补料。由于湿胶的颗粒大小相当于细硅藻土，所以在使用时要注意调整预涂和连续补料时的硅藻土配比。此方式不需要增加专门的添加装置，硅胶使用量和添加过程分别见表 6-3 和图 6-6。

表 6-3　预涂和连续补料时硅胶和硅藻土的使用量

项　目	硅胶使用量	硅藻土使用量
第一次预涂	0	700 ~ 800g/m^2
第二次预涂	30 ~ 50g/m^2	200 ~ 250g/m^2
连续补料	30 ~ 100g/hL	60 ~ 120g/hL

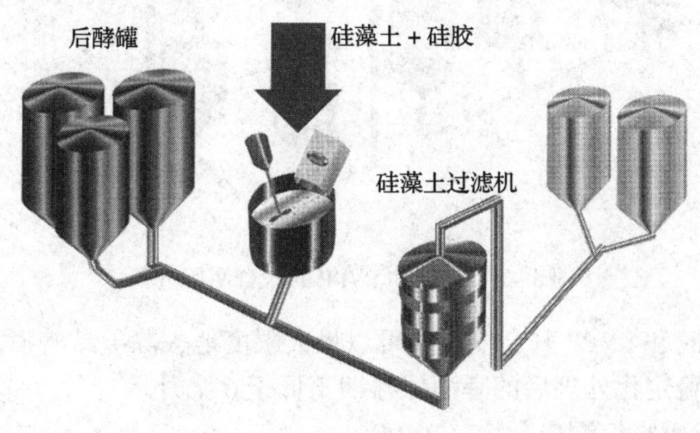

图 6-6　硅胶和硅藻土的添加过程

② 单独添加：一般选择干胶，将其通过专门的添加装置采用批量或连续的方式加入待过滤的酒液中，硅胶的使用量为 100 ~ 150g/hL。批量加入是指将硅

胶一次性添加到装满啤酒的罐中，保持 5min 以上的接触时间以充分发挥硅胶的吸附作用，然后通过过滤机将浑浊物滤除；连续加入是指按照计算好的添加量，将硅胶连续加入啤酒中，并通过一个能保持 3min 以上接触时间的反应罐后再进入过滤机（图 6 – 7）。

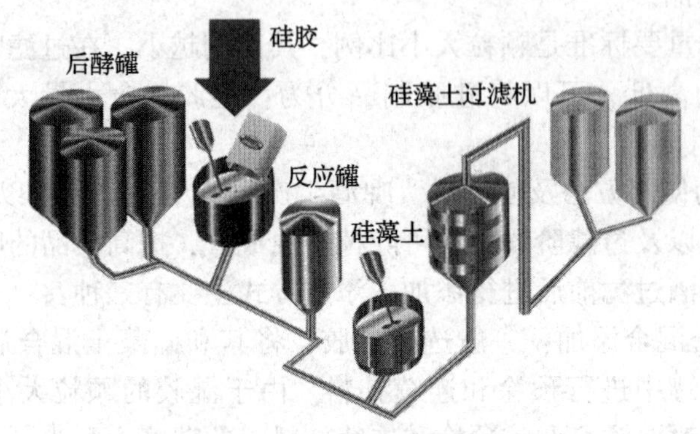

图 6 – 7　单独添加硅胶的过程

③ 和 PVPP 联合使用：一般选择湿胶，首先将硅胶和硅藻土混合添加进行预涂和连续补料，然后经过硅藻土过滤和硅胶稳定化处理后的酒液再进入与硅藻土过滤机串联在一起的 PVPP 过滤机，再次经过 PVPP 的稳定化处理（图 6 – 8）。

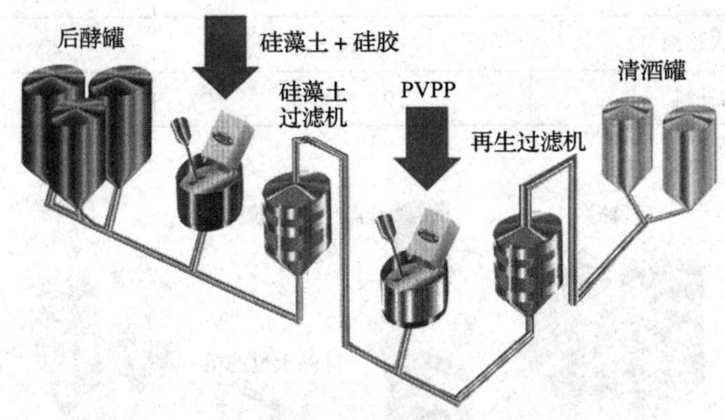

图 6 – 8　硅胶和 PVPP 的联合使用过程

通过将硅胶和 PVPP 联合使用，可以最大限度地去除导致啤酒出现胶体浑浊的物质，经过稳定化处理后的啤酒保存期不低于 6 个月。

2．聚乙烯吡咯烷酮聚合物（PVPP）

（1）PVPP 的特点和分类　PVPP 是一种通过附加的分子链使其稳定的具有三维网状结构的有机化合物（图 6 – 9）。它是一种白色粉末状物质，颗粒大小为 1 ~ 450μm，在常见溶液中不溶解，在水中仅仅膨胀。PVPP 可以有选择地除去所有的引起啤酒浑浊的多酚物质，去除过程基于氢键的形成。氢键的形成又受到

pH 的影响，在碱性溶液中，被吸附的酚类化合物又会裂解，因此 PVPP 可以再生重新使用。

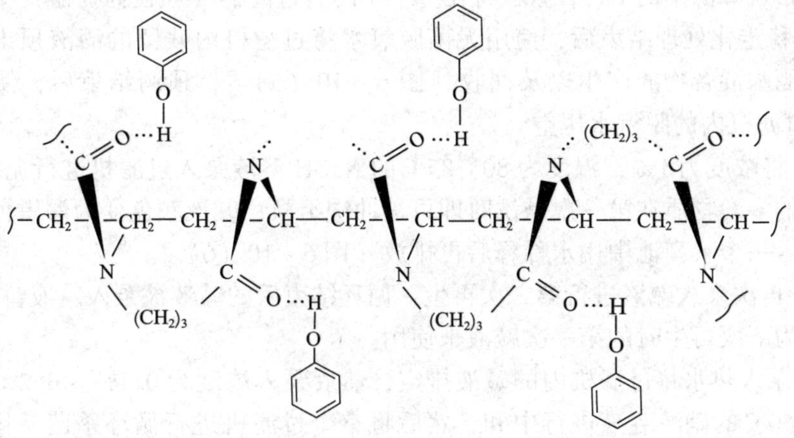

图 6－9　PVPP 的结构及吸附酚类物质的形式

根据 PVPP 是否可以进行再生，可以将其分为：一次性 PVPP、回收式 PVPP。

（2）PVPP 的使用方法及使用量　如今，PVPP 大部分是和硅胶联合使用，有时也单独使用。使用方法主要有三种：

① PVPP 作为稳定剂添加在硅藻土混合罐中：这种使用方法主要选择一次性 PVPP，使用时将其加入硅藻土混合罐中，在硅藻土连续补料时将其带入啤酒中完成稳定化处理，其使用量一般为 15～20g/hL。

② 将 PVPP 加入过滤纸板中：PVPP 适合处理硅藻土过滤后的啤酒，而纸板过滤机主要用于精滤，将二者合二为一可以达到双重目的。因此，在制造纸板时加入部分 PVPP，可以在精滤的同时除去部分多酚物质。PVPP 的添加量随产品性质不同而变化，一般将其添加比例控制在 20%～40%。

③ 回收方式的 PVPP 啤酒稳定化处理：这是目前使用最为普遍的一种方法。这种方法要使用的设备大多由一个带加料罐和泵的预涂式烛式过滤机组成，其稳定化处理过程如下（图 6－10）：

a. 将无菌脱氧水泵入杀菌好的烛式过滤机，完全充满过滤机并彻底排除空气［图 6－10（1）］，彻底排空后，将循环泵打开，准备开始预涂。

b. 根据烛式过滤机的过滤面积，按照 $200g/m^2$ 的 PVPP 预涂添加标准进行计算，然后将称重好的 PVPP 按照 1∶9 的混合比例使用无菌脱氧水进行混合，加入加料罐中。

c. 打开添加泵，开始进行循环预涂［图 6－10（2）］。

d. 预涂结束后，将硅藻土过滤后的酒液泵入过滤机内，将预涂用的无菌脱氧水顶出，此时要注意酒水混合物的产生以及回收［图 6－10（3）］。

e. 顶水结束后，转换阀门直接开始进行 PVPP 稳定化处理，PVPP 对啤酒的稳定化处理在啤酒流过时完成，但是没有过滤效果［图 6－10（4）］，在处理过程中被带入啤酒中的 PVPP 微粒将在一个小的后过滤器（颗粒捕捉器）中分离。

f. 稳定化处理结束后，使用无菌脱氧水将过滤机内残留的酒液顶出，此时要注意酒水混合物的产生以及回收［图 6－10（5）］，顶酒结束后，使用无菌 CO_2 将过滤机内的脱氧水压空；

g. 将浓度为 1%，温度为 80～85℃的 NaOH 溶液泵入过滤机进行循环再生，大多数的多酚物质在第一次碱洗时即可被冲洗干净，碱液颜色变为深黑色，然后将其泵入一个平衡池中用水稀释后再排放［图 6－10（6）］。

h. 再次泵入碱液进行第二次再生，循环结束后的碱液被泵入碱液暂存罐中，可以作为下次再生时的第一次碱液来使用。

i. 泵入热水将过滤机内的碱液排空，然后泵入浓度为 0.1%～0.2%，温度为 40～50℃的硝酸溶液进行中和，然后将整个过滤机进行循环杀菌［图 6－10（7）］；

j. 使用无菌 CO_2 将过滤机内再生好的 PVPP 压入加料罐中进行回收［图 6－10（8）］；

k. 打开冲洗阀门，使用无菌脱氧水对过滤机进行冲洗，冲洗结束后备用［图 6－10（9）］。

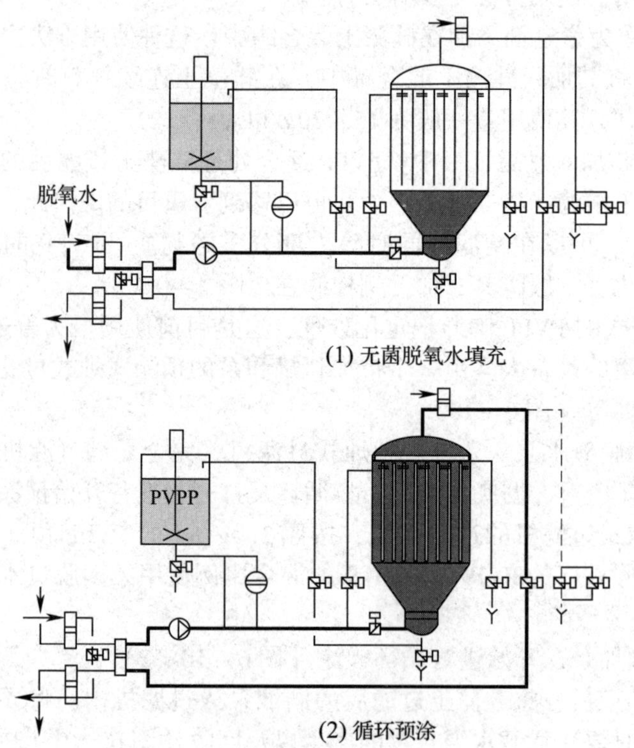

(1) 无菌脱氧水填充

(2) 循环预涂

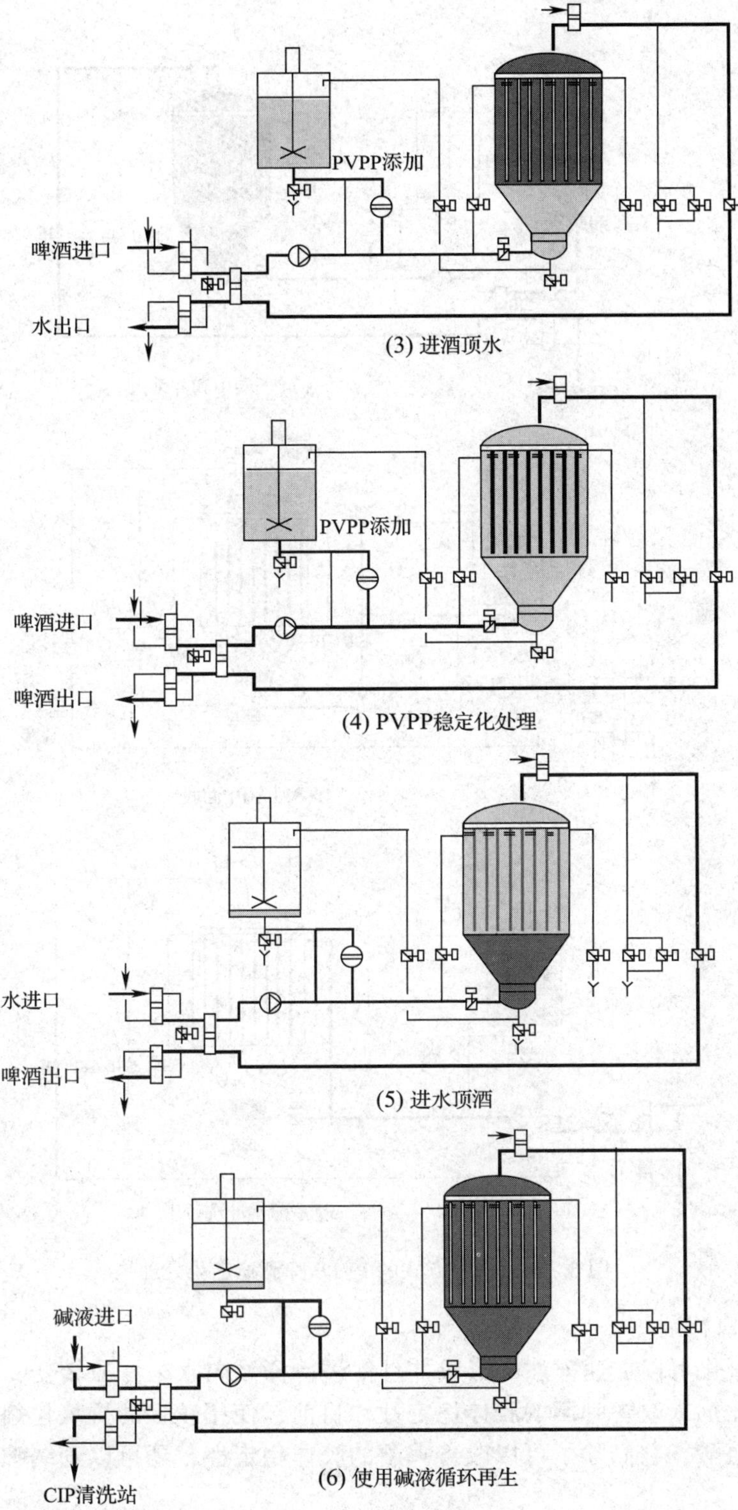
PVPP添加
啤酒进口
水出口
(3) 进酒顶水
PVPP添加
啤酒进口
啤酒出口
(4) PVPP稳定化处理
水进口
啤酒出口
(5) 进水顶酒
碱液进口
CIP清洗站
(6) 使用碱液循环再生

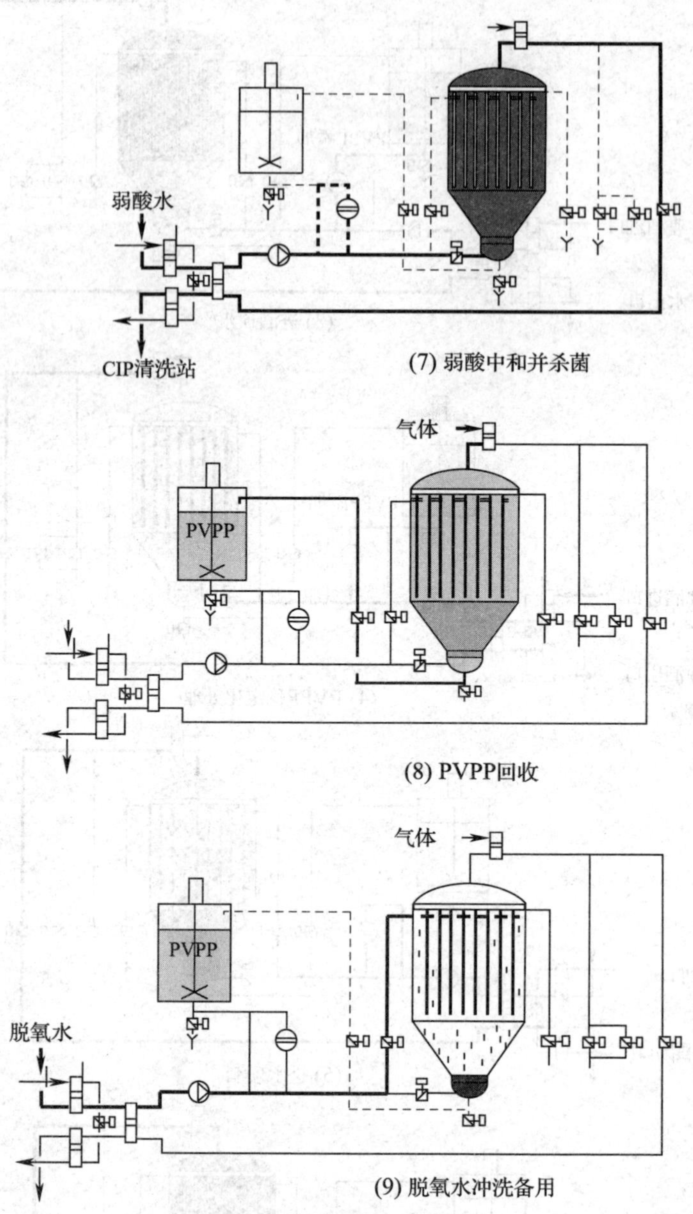

(7) 弱酸中和并杀菌

(8) PVPP回收

(9) 脱氧水冲洗备用

图6－10　回收方式的 PVPP 啤酒稳定化处理

3. 抗氧化剂

由于氧化可以加速浑浊的形成并且促进冷浑浊向永久浑浊转变，所以可以使用抗氧化剂来改善啤酒的胶体稳定性。目前，使用较多的抗氧化剂有二氧化硫和抗坏血酸，它们除了可以改善啤酒的胶体稳定性，还可以延缓啤酒口味的老化。

4. 酿造单宁

酿造单宁为浅黄色无味物质，易溶于水，水溶液呈酸性，易氧化。酿造单宁能与使啤酒出现早期浑浊的可溶性蛋白质发生沉淀反应，并能与金属离子发生络合反应生成不溶于水的环状化合物；除此以外，酿造单宁还可以减少氧化反应和醛类物质的生成，从而提高啤酒的抗老化能力。

啤酒酿造专用单宁分为两种类型：糖化型和速溶型。前者在糖化时添加，后者在发酵过程中或过滤期间添加。一般情况下，将速溶型的酿造单宁使用碳酸水溶解后在滤酒前24h 添加使用，添加量最多为10g/hL。

5. 蛋白酶

蛋白酶可以将造成啤酒早期浑浊的高分子蛋白质分解产物继续分解成低分子物质，从而使其失去和多酚物质结合的能力，避免出现浑浊，提高了啤酒的胶体稳定性。

目前，最常用的蛋白酶是木瓜蛋白酶，可在滤酒前4～6d 添加或直接将其加到清酒罐中，无论采用哪种添加方式，都要注意蛋白酶的灭活问题；蛋白酶添加量应适当，一般为1～4g/hL，添加过多会影响啤酒的泡沫性能。

6. 硅酸溶胶

硅酸溶胶是硅酸的胶体水溶液。稳定的硅酸溶胶中含有由高纯度、非结晶性硅酸形成的5～150nm 大小的非网状球形颗粒，这些颗粒无内部渗透性，带有负电荷。硅酸颗粒可以和啤酒中的蛋白质结合，形成一种浑浊的、絮状的凝胶，最后形成沉淀。完全分离掉沉淀下来的凝胶后，便可以改善啤酒的澄清度和可滤性。

啤酒生产时添加硅酸溶胶除了能够改善啤酒的清亮度和可滤性外，还可以在一定程度上提高啤酒的胶体稳定性。硅酸溶胶的添加量为30～60mL/hL，在发酵的冷储阶段或过滤前添加。

第三节 啤酒口味稳定性的处理

即使是对啤酒进行过生物和非生物稳定性方面的处理，啤酒的口味仍然会随着时间的延长而变差，即，出现口味老化，这也就意味着啤酒的口味稳定性变差了。啤酒的口味老化是一种不可避免的现象，有可能在短时间内被察觉，也有可能在几个月后才被察觉。作为酿造工作者，唯一能做的就是尽可能延缓口味老化的出现。

一、口味老化的原因

对啤酒口味老化起重要作用的物质称为老化物质，老化物质的出现，意味着啤酒的口味稳定性开始变差了。在可能导致形成老化产物的反应中，氧化过程的影响是最严重的。根据吸氧时间和吸氧量的不同而形成不同形式的老化物质，在此过程中产生的大多数老化物质都是口味阈值极其低的羰基化合物。

（一）羰基化合物

羰基化合物是醇的氧化产物，含有一个 CHO 基，重要的羰基化合物有：2 - 甲基丙醛、2 - 甲基丁醛、3 - 甲基丁醛、苯乙醛、2 - 糠醛。

这些羰基化合物会单独并相互形成不同的口味差别，这些口味可再次消失或被其他口味所覆盖。它们通过不同物质而形成，并表现出一种口味印象，这些口味印象见表 6 - 4。

表 6 - 4　羰基化合物的口味印象一览表

口味印象	形成原因	味阈值
醋栗味	氧气吸入	5ng/L
纸板味	脂肪分解	0.1 ~ 0.3μg/L
面包味	美拉德产物	
蜂蜜味	斯特雷科尔分解和高级醇的氧化	
杏仁味	美拉德产物	

（二）羰基化合物的形成途径

羰基化合物及其前驱物不仅仅是在灌装后的啤酒中才开始形成，早在制麦和酿造的过程中便已出现。它们主要是通过以下途径形成的：不饱和脂肪酸的自氧化；不饱和脂肪酸的酶解；高级醇的氧化；美拉德反应；异葎草酮的氧化分解。

形成羰基化合物的基础物质中最主要的就是不饱和脂肪酸和美拉德产物。

由大麦中带入的脂肪酸和甘油一起形成脂肪，一部分脂肪酸在制麦和糖化时通过脂肪酶被分解，另一部分脂肪酸氧化形成羰基化合物的前驱体，该过程中不饱和脂肪酸的反应尤为强烈，很快生成一种最终导致基链反应的过氧基团。在麦芽干燥和麦汁煮沸过程形成的美拉德产物对老化口味的出现影响很大。前驱体的形成以及干燥、麦汁煮沸时和煮沸后的总热负荷在此起重要作用。

从羰基化合物的形成途径可以看出，氧气扮演了非常重要的角色。氧气是形成羰基化合物或其前驱体的催化剂，从啤酒生产开始到啤酒灌装的全过程中必须始终杜绝氧气。因此，需要再次强调，氧是啤酒的天敌。

二、啤酒口味稳定性的预测

【试验】将刚灌装好的新鲜啤酒放在振荡机上摇动 1d，然后在 40℃下存放 4d，或在 60℃下存放 1d，这样的处理过程被视为“一个试验周期”。新鲜啤酒经过一个试验周期的处理后，马上进行针对口味老化的感官品评，如果口味没有变化，继续对啤酒进行下一个试验周期的处理直至口味出现明显的老化，然后利用气象色谱分析技术测量啤酒中老化物质的含量进行确认。

以上试验被称为“啤酒强化老化试验”，通过试验得到的“试验周期”的个数可以作为对啤酒口味稳定性预测的参考依据，一个试验周期的效果相当于啤酒在20℃下存放3～4个月。

三、提高啤酒口味稳定性的方法或措施

啤酒的口味稳定性是得到老顾客认可和赢得新顾客的重要条件。杜绝所有不利的因素以及改善所有有利的因素是提高啤酒口味稳定性的必要措施。提高啤酒口味稳定性的方法或措施主要有：对生产过程进行优化或改进，使用抗氧化剂。

（一）生产过程的优化或改进

1. 制麦过程

（1）控制较低的浸麦度。

（2）发芽3天后开始减少通氧，采用回风。

（3）蛋白溶解度控制在41%以下。

（4）降低干燥时的热负荷。

2. 麦汁制备过程

（1）采用增湿粉碎。

（2）采用无氧投料、底部进醪的无氧工作方式。

（3）管道中无紧缩弯头，无氧气进入。

（4）麦汁过滤时间尽可能短。

（5）降低麦汁煮沸前和煮沸后的热负荷。

（6）热麦汁在回旋沉淀槽中的停留时间应低于30min。

3. 啤酒发酵过程

（1）理想的麦汁通风。

（2）理想的酵母管理对口味稳定性有积极影响。

（3）及时和彻底分离沉淀在锥形发酵罐底部的酵母。

（4）低的储酒温度以及适宜的储酒时间。

4. 啤酒过滤和灌装过程

（1）从啤酒过滤开始直到灌装过程严格控制吸氧。

（2）到灌酒机进口时的酒液最高吸氧量控制在0.01～0.02mg/L。

（3）灌装后啤酒瓶的总氧含量应低于0.15mg/L。

最近出于广告效应，有些啤酒厂采用透明的白色瓶灌装啤酒，为了避免白色瓶透光率过高而引起的质量问题，这类啤酒在生产时应添加四氢异构化酒花浸膏

来提高“白瓶啤酒”的口味稳定性。

（二）使用抗氧化剂

1. 维生素C及异抗坏血酸钠

维生素C又称抗坏血酸，它具有较强的还原能力，可以避免氧化。一般在硅藻土过滤时添加维生素C，其使用量为20～30mg/L。异抗坏血酸钠是维生素C的钠盐，其抗氧化作用时间较短，使用量为30～40mg/L。

2. 亚硫酸氢钠

亚硫酸氢钠中的有效成分是SO_2，它具有抗氧化、掩盖老化口味和抑菌的作用。亚硫酸氢钠一般在啤酒过滤后添加，即在灌装前加入清酒罐中，使用量为10～15mg/L，使用量过高容易导致啤酒中SO_2含量过高，对啤酒的口感不利。

第四节　高浓稀释工艺

20世纪70年代，美国和加拿大率先推出高浓度酿造啤酒，即，高浓度糖化、高浓度发酵，啤酒过滤前进行稀释。目前，在世界范围内高浓度酿造方法已成为普遍的生产技术，在我国的应用也越来越广泛。

一、高浓度酿造的工艺要点

（一）高浓度麦汁制备

1. 原料的选择

高浓度酿造应选择糖化力高、蛋白溶解度适中、溶解良好的麦芽。同时，还可以在麦汁煮沸锅中使用糖或糖浆来提高麦汁浓度，这是减少浸出物损失和克服麦汁过滤困难简单而又有效的方法。可选用的糖浆主要有三种：大麦糖浆、淀粉糖浆和复合糖浆。

2. 料水比及糖化工艺

要生产高浓度的麦汁，必须降低料水比。若料水比低于1∶2.7，就会导致原料吸水及糖化醪液流动性出现问题。实践证明，若混合原料的无水浸出率为80%，料水比为1∶2.8时，糖化过程是不会受到影响的，通过采用合适的糖化工艺即可制取浓度为18%～20%的定型麦汁。

3. 麦汁过滤

由于生产高浓度的麦汁需要使用较低的料水比，所以头道麦汁的浓度往往较高。因此，就会在麦汁过滤时出现洗糟残水浓度过高的问题。为了减少浸出物的损失，必须回收洗糟残水，经活性炭吸附过滤后再使用，一般将其作为洗糟水或投料用水。

4. 麦汁煮沸和后处理

高浓度麦汁的 pH 比正常麦汁要低，所以煮沸时酒花苦味物质的利用率会有所降低，应适当增加酒花的添加量；由于麦汁的黏度较高、酒花添加量较多，在回旋沉淀处理时常出现浑浊物沉淀较差的现象，会使麦汁损失率增大，要注意从热凝固物中回收利用浸出物。

随着麦汁浓度的提高，溶氧水平会下降。研究认为，麦汁浓度每提高 1%，需要提高溶解氧约 1mg/L。因此，高浓度麦汁充氧时的氧含量应控制在 8～12mg/L。

（二）高浓度啤酒发酵

1. 啤酒酵母的选择和用量

对于高浓度啤酒酿造来说，应选用耐高酒精度和高渗透压的啤酒酵母，啤酒酵母的使用量应随着麦汁浓度的提高而适当增加。经验证明，浓度为 14%～16% 的麦汁，酵母接种量应控制在（18～30）$\times 10^6$ 个/mL。

2. 发酵温度

为防止高温时高浓度发酵过于强烈而造成泡沫物质过量损失，在满罐后的第 1～2 天应保持低温，然后自然升温至常规发酵温度。在发酵过程中应尽量缩短高温时间，防止酵母在高温下长时间与高酒精度的发酵液接触而产生自溶，从而降低了回收酵母的质量。

3. 储酒温度

由于高浓度发酵液的酒精含量高，其冰点会降低，所以可以将储酒温度降至 -2～-1℃，这样有利于提高啤酒的非生物稳定性。

（三）啤酒过滤

若选择过滤以后进行稀释，那么在啤酒过滤时就要特别注意因酒液黏度较高所带来的影响，适当提高硅藻土的使用量。

二、稀释用水

（一）稀释用水的要求

稀释用水的要求见表 6-5。

表 6-5　稀释用水的要求

项目	要求	项目	要求
外观	无色、清亮透明	钙离子/（mg/L）	低于酒液中钙离子含量
气味	无味	钠离子/（mg/L）	<30
CO_2 含量/%（质量分数）	0.45～0.50	钾离子/（mg/L）	<30
溶解氧/（mg/L）	<0.03	铁离子/（mg/L）	<0.1
浊度/EBC	<0.3	锰离子/（mg/L）	<0.05

续表

项目	要求	项目	要求
pH	4.2～4.6	大肠杆菌	0
细菌总数/（个/100mL）	<2		

（二）稀释用水的制备

稀释用水的制备工艺流程如下：

饮用水⇨预处理⇨杀菌⇨脱氧⇨冷却⇨碳酸化

1．预处理

（1）调整 pH。

（2）使用活性炭过滤器进行脱氯处理。

2．杀菌

稀释用水的杀菌方法主要有以下几种：

（1）加氯杀菌　加氯杀菌操作简单、费用低、杀菌能力强、处理水量大，不需要专门的杀菌设备。在不含氯的水中加入氯后，会发生化学反应，形成次氯酸（HClO）。次氯酸具有强烈的氧化性，它可以扩散到细菌表面，并渗入细菌体内，借助氯的氧化作用破坏细菌体内的酶系统，导致细菌死亡。

目前，在加氯杀菌的基础上又衍生了另外一种杀菌形式，即二氧化氯杀菌。其原理和加氯杀菌相同，杀菌过程安全可靠，此方法除了用于稀释用水的杀菌处理外，还广泛地用于洗瓶机最后一道喷淋水的杀菌处理。

（2）臭氧杀菌　臭氧是氧的一种变体，在常温下是略带蓝色的气体。臭氧不稳定，在水中易分解成氧气和一个原子氧（新生态氧）。原子氧极为活泼，是特别强的氧化剂，能使水中的细菌及其他微生物的酶发生氧化作用，几分钟就能杀死细菌，属光谱杀菌剂。

制备臭氧的方法很多，在生产中常用的是无声放电法。通过压缩机将干燥的空气压入臭氧发生器，通过持续高压放电的两个电极，即可产生臭氧，臭氧与水一同进入混合罐；臭氧与水混合后可保持 3～5min 的有效浓度（>0.2mg/L），然后便降解为普通的氧分子，由混合罐上部的出口排出，经杀菌后的水则由混合罐底部排出。

（3）紫外线杀菌　紫外线是指波长为 140～490nm 的不可见光线，这种光线具有很强的杀菌能力，其中以 250～260nm 波长的紫外线杀菌效果最好。杀菌时，使薄层水流经过石英汞蒸气弧光灯，水中的微生物经紫外线照射后，其蛋白质和核酸吸收紫外线光谱能量，使核酸发生裂变导致蛋白质变性，从而导致微生物死亡。紫外线杀菌强度应控制在 $16 \sim 20W/m^2$。

（4）无菌过滤　采用孔径为 0.02～0.03μm 的滤膜进行过滤处理，可以将水中的微生物滤除。

3．脱氧

常温下水中溶解氧的含量为8～10mg/L，不符合稀释用水的要求，所以要进行脱氧处理。目前，常用的脱氧方法主要有以下三种：

（1）真空脱氧　将水泵入真空脱氧罐内（真空度为－0.075MPa），通过喷嘴使水在罐内形成雾状，水中溶解的氧气就会在真空的条件下自动逸出而被排除。

（2）CO_2置换脱氧　根据亨利定律，在平衡系统中，如果在不改变混合气体的总压力的前提下，向水中充入CO_2，则水中CO_2的分压增高，氧的分压就会降低；随着充气的不断进行，水中溶解的氧气就会被CO_2全部置换出去。

（3）混合脱氧　混合脱氧是指将以上两种方法结合使用，先进行真空脱氧，然后再使用CO_2置换脱氧，这样就可以使水中的溶解氧含量降至最低。

4．冷却

为了更好地对稀释用水进行碳酸化处理，为了保证稀释后灌装过程的稳定，脱氧后的稀释用水必须要进行冷却处理，通常采用薄板冷却器将其冷却到接近冰点。

5．碳酸化

水吸收二氧化碳的作用称为碳酸饱和或碳酸化，其实质就是在一定的压力和温度下，二氧化碳在水中溶解的过程。

经过冷却处理后的稀释用水被泵入碳酸化设备中，在泵入的过程中通过文丘里管进行充CO_2处理，然后在碳酸化设备中完成CO_2的饱和。碳酸化处理后的稀释用水，其CO_2含量应接近或略高于啤酒中的含量，为4～5g/L。

三、啤酒的高浓稀释

（一）稀释率

高浓稀释比例一般是按照原麦汁浓度计算的，用稀释率来表示稀释比的高低，其计算公式如下：

$$稀释率=\frac{高浓度酿造原麦汁浓度-稀释后啤酒的原麦汁浓度}{稀释后啤酒的原麦汁浓度}\times 100\%$$

【例】制备的高浓麦汁原麦汁浓度为14%，稀释后成品啤酒的原麦汁浓度控制为10%，请计算稀释率。

【解答】
$$稀释率=\frac{14\%-10\%}{10\%}\times 100\%=40\%$$

稀释率的控制对于高浓度酿造来讲非常重要，若稀释率太高，会影响啤酒的口味；若稀释率太低，则设备利用率不高，经济效益不显著。一般情况下，将稀释率控制在20%～40%是比较合适的。

（二）稀释方式

1．过滤前稀释

过滤前稀释是指在啤酒过滤以前，使用稀释用水按照稀释率对高浓啤酒进行稀释充 CO_2后再进行过滤。这种稀释方式不必担心因稀释而可能导致的啤酒浑浊问题，其工艺流程如下：

高浓稀释⇨充 CO_2⇨冷却⇨缓冲⇨过滤⇨清酒罐

2．过滤后稀释

过滤后稀释是指先对高浓啤酒进行过滤处理，然后再使用稀释用水按照稀释率进行稀释充 CO_2的处理。使用这种稀释方式时，要特别注意高浓啤酒可能引起的啤酒过滤问题；除此以外，稀释用水的清亮度非常关键，如果稀释用水的浊度不达标，那么稀释后啤酒的浊度就会受到很大影响。过滤后稀释的工艺流程如下：

高浓啤酒⇨过滤⇨缓冲罐⇨高浓稀释⇨充 CO_2⇨冷却⇨清酒罐

（三）高浓稀释的控制要点

（1）要严格按照稀释率进行稀释操作。

（2）在稀释过程中，应保持稳定的混合比例。

（3）利用在线测量装置，控制稀释后啤酒的原麦汁浓度、CO_2含量和溶解氧含量。

复习思考题

1．什么是“巴氏杀菌”？

2．如何表示巴氏杀菌的程度？

3．如何提高啤酒的生物稳定性？

4．啤酒出现胶体浑浊的原因是什么？

5．如何理解“冷浑浊”与“永久浑浊”？

6．常用的非生物稳定剂有哪些？

7．请描述回收式 PVPP 的再生过程。

8．导致口味老化的羰基化合物的形成途径有哪些？

9．如何计算“稀释率”？

10．高浓稀释时的稀释方式有哪些？各有什么特点？

参考文献

[1] 湖北轻工职业技术学院翻译组. 啤酒工艺实用技术（第八版）. 北京：中国轻工业出版社，2008.

[2] 黄亚东. 啤酒生产技术. 北京：中国轻工业出版社，2010.

[3] 周广田. 现代啤酒工艺技术. 北京：化学工业出版社，2007.

[4] 王振、周文生. 啤酒高浓稀释水的制备及高浓稀释修饰技术. 酒、饮料技术装备，2007，2：55～57.